乾坤未定，
你我都是黑马

孟长宇 著

当代世界出版社

图书在版编目(CIP)数据

乾坤未定,你我都是黑马 / 孟长宇著 . -- 北京:当代世界出版社,2021.8

ISBN 978-7-5090-1617-6

Ⅰ.①乾… Ⅱ.①孟… Ⅲ.①人生哲学 — 青少年读物 Ⅳ.① B821-49

中国版本图书馆 CIP 数据核字(2021)第 123318 号

乾坤未定,你我都是黑马

作　　者:	孟长宇
出版发行:	当代世界出版社
地　　址:	北京市东城区地安门东大街 70-9 号
网　　址:	http://www.worldpress.org.cn
编务电话:	(010)83907528
发行电话:	(010)83908410(传真)
	13601274970
	18611107149
	13521909533
经　　销:	全国新华书店
印　　刷:	北京中科印刷有限公司
开　　本:	710×1000 毫米 1/16
印　　张:	12.25
字　　数:	200 千字
版　　次:	2021 年 8 月第 1 版
印　　次:	2021 年 8 月第 1 次
书　　号:	ISBN 978-7-5090-1617-6
定　　价:	58.00 元

如发现印装质量问题,请与承印厂联系调换。
版权所有,翻印必究,未经许可,不得转载!

序言

立德树人之本
——序《乾坤未定,你我都是黑马》

党的十八大以来,中国特色社会主义建设进入了新时代。这是一个由全面建成小康社会向建成社会主义现代化强国转变的时代,是一个用中华优秀传统文化不断促进人的全面发展和逐步实现全体人民共同富裕的时代。

当前,如何促进青少年茁壮成长是全社会面临的一大课题。俗话说,遇到困难问祖宗。中华民族的古圣先贤给我们留下了许多童蒙养正宝典,当代国学大师因缘生先生精心汇集成七本巨著,取名《圣学根之根》。这是做人大典,如能进家庭、进学校、进教育机关,立德树人的"蜀道",就不再"难"了。

为了帮助大家更好理解《圣学根之根》,《乾坤未定,你我都是黑马》出版发行。主辅并读,善莫大焉。

本书的作者孟长宇先生说,这是一本父母教子应备的书,是一本让青少年获得幸福的书。青少年扎好做人的根,成圣成贤有望了,人人公字当头,建成社会主义现代化强国就更有把握了。

人是由公心和私心和合而成的生命体。中国哲学阴阳论告诉我们,阴阳互根互转,物极必反,这是宇宙发展的根本规律。人类社会亦然,也是由阳转阴,又由阴转阳,即由公有社会转为私有社会,又由私有社会转为公有社会,循环往复。当前人类社会正处于阴盛阳衰的阶段,就是私的方面恶的方面比较强,公的方面善的方面相对弱。要知道,物极必反。如同夜晚黑到极处,正是光明的起点。人的发展也是如此。中华文化属阳,是善文化,学习中华文化,人会向善的方面发展。这是万变不离的宗,千万不能等闲视之。

　　这本书是作者花了大量心血写成的，写得十分厚实，又显长了些。现在，人们都很忙，不可能人人通读全书。不要紧，各取所需就是了。是为序。

任登第①

2020年7月16日于周公故里

---

① 任登第，中共中央党校资深教授，1928年4月生于陕西省岐山县，1945年参加革命，长期从事报刊和理论研究工作，曾合著过《毛泽东经济思想》，撰著《怎样理解"三个代表"重要思想》（内部出版），主编《省长访谈录》《百强县县委书记访谈录》《三存书集》等。离休后多方宣讲中华文化，并著有《大家都学弟子规》《中国道路中国梦》等著作，为弘扬传统文化做出了巨大贡献，深受大众爱戴。任登第教授于2021年2月9日辞世。

目录

第一章　孝悌篇 — 001

- 第一节　"可怜天下父母心" — 002
- 第二节　"孝是人道第一步，孝顺子弟必明贤" — 004
- 第三节　为父母做好这24件事 — 007
- 第四节　"亲有过，谏使更。怡吾色，柔吾声" — 010
- 第五节　"顺从道义而不顺从父母" — 012
- 第六节　应当怎样做儿女 — 014
- 第七节　应当怎样做兄弟姐妹 — 017
- 第八节　给父母添荣耀 — 019
- 第九节　"积善之家，必有余庆" — 021

第二章　学养篇 — 025

- 第一节　读千年美文，做少年君子 — 026
- 第二节　"腹有诗书气自华" — 029
- 第三节　十天读完一本好书 — 031
- 第四节　"他山之石，可以攻玉" — 032
- 第五节　"不经一番寒彻骨，怎得梅花扑鼻香" — 035
- 第六节　"少年辛苦终身事，莫向光阴惰寸功" — 037
- 第七节　养成使人优秀的17个好习惯 — 039
- 第八节　"制心一处，无事不办" — 042
- 第九节　"戒生定，定生慧" — 044
- 第十节　青少年学习与立志箴言（一） — 048

第十一节	"人一能之，己百之"	050
第十二节	"不鸣则已，一鸣惊人"	051
第十三节	"百分之一的希望，百分之百的努力"	054
第十四节	"水滴石穿，是坚持的力量"	056
第十五节	"行有不得，反求诸己"	058
第十六节	"君子务本，本立而道生"	059
第十七节	"不奋斗，哪来的精彩人生"	061
第十八节	给老师希望	063
第十九节	青少年学习与立志箴言（二）	066

第三章　情智篇　069

第一节	从青少年时期开始铸造自己的幸福人生	070
第二节	真心奉献的人必能得到"大有"	072
第三节	"命自我立，福自己求"	074
第四节	人活着，一是修行，二是改变世界	076
第五节	"志不立，天下无可成之事"	079
第六节	"天将降大任于斯人也，必先苦其心志"	082
第七节	一切梦想的实现都得先好好活着	084
第八节	让自己顺利度过青春叛逆期	086
第九节	"你本来就是太阳"	088
第十节	青少年修养箴言（一）	091
第十一节	"人必自助而后人助之"	093
第十二节	"穷则独善其身，达则兼济天下"	096
第十三节	补齐自己的"短板"	099
第十四节	堵住人性的17个漏洞	101
第十五节	"千磨万击还坚劲，任尔东西南北风"	104
第十六节	"乾坤未定，你我都是黑马"	106
第十七节	"惟精惟一，允执厥中"	108

第十八节　给自己正能量 ……………………………………………… 110

第十九节　青少年修养箴言（二）…………………………………… 112

第四章　处世篇 …………………………………………………… 117

第一节　积极结交良师益友，选对人生旅途搭档 …………………… 118

第二节　"益者三友，损者三友" ……………………………………… 120

第三节　"君子喻于义，小人喻于利" ………………………………… 123

第四节　"害人之心不可有，防人之心不可无" ……………………… 126

第五节　机智地应对不法侵害 ………………………………………… 128

第六节　"以德报德，以直报怨" ……………………………………… 131

第七节　岁月静好中不忘有人替我们负重前行 ……………………… 133

第八节　"勿以善小而不为，勿以恶小而为之" ……………………… 136

第九节　"种什么因，得什么果" ……………………………………… 140

第十节　"天道无亲，常与善人" ……………………………………… 142

第十一节　青少年为人处世箴言（一）……………………………… 145

第十二节　"凡人丧身亡家，言语占了八分" ………………………… 148

第十三节　"君子必慎其独" …………………………………………… 150

第十四节　"德不配位，必有灾殃" …………………………………… 152

第十五节　越自律，越优秀 …………………………………………… 154

第十六节　"从心所欲，不逾矩" ……………………………………… 156

第十七节　"我就在你旁边，你都没有向我求助" …………………… 159

第十八节　让沟通成为学业与事业的加速器 ………………………… 161

第十九节　"容民畜众""和光同尘" …………………………………… 165

第二十节　青少年为人处世箴言（二）……………………………… 168

第五章　古训篇 …………………………………………………… 173

第一节　周朝至唐朝古圣先贤家训摘录 ……………………………… 174

第二节　五代十国、北宋时期古圣先贤家训摘录 ············· 176
第三节　南宋至明朝古圣先贤家训摘录 ····················· 179
第四节　清朝前期古圣先贤家训摘录 ······················· 182
第五节　清朝晚期古圣先贤家训摘录 ······················· 185

跋 ·· 188

第一章 孝悌篇

第一节 "可怜天下父母心"

"可怜天下父母心"这句诗，出自清末慈禧太后为其母亲所写的祝寿诗。在慈禧母亲过七十大寿之际，由于慈禧无法亲身前往，于是作了这样一首诗送给母亲：

> 世间爹妈情最真，泪血溶入儿女身。
> 殚竭心力终为子，可怜天下父母心！

《四德歌》里也这样唱："爹娘生咱身，拉扯咱成人，汗水壮咱筋骨肉，恩情比海深。养娘心安稳，敬爹是本分，一个道理传古今，要做孝德人。"

每个人都是由父母带到这个世上来的，没有父母就没有我们。我们感恩生活的美好，首先应该感恩父母对我们的付出。

有一个叫作《一场特殊的招聘》的网络小品，通过招聘者与应聘者的对话，讲述了妈妈养育儿女的不易——

妈妈自从怀孕，就开始身体不适，脸上长斑，生病了也不敢吃药打针，生怕伤着胎儿，还要挺着个大肚子去上班。

好不容易十月怀胎熬过去了，如果是自然生产，还要经历难以想象的产痛。有人甚至还为生孩子丧失了性命。

如果是剖宫产，就要在麻药的帮助下，医生用手术刀从妈妈皮肤的第一层开始一层一层往里切，一共要切8层。孩子产出后，医生还要给妈妈从里到外缝合8层，剖宫产的伤口让妈妈痛得几天都不能下床。人们说"儿女的生日，就是母亲的受难日"，这话一点不假。

在我们刚出生时，妈妈每天就是围着我们连轴转，不得休息。除了给我们喂奶，还要为我们擦屎、把尿、洗尿布、换衣服，哄着我们睡觉。我们哭一声，妈妈赶紧察言观色，是冷了？热了？还是病了？马上将我们抱在怀中，生怕我们受到一丁点儿委屈。有时候我们生物钟颠倒，妈妈还得成宿陪着我们，这时候的妈妈真是坐卧不宁。

我们出生后，妈妈每天几乎 24 小时都处在"战斗"状态。

妈妈一年 365 天都在"上班"，几乎没有休息，没有节假日，更没有谁给她一点加班费。妈妈总是心甘情愿、任劳任怨、无私奉献。

妈妈为我们付出了极大的体力、精力、爱心、耐心和责任心，常常累得腰酸背痛，有的甚至得了产后抑郁症。

我们再大些，父母教我们说话、走路、吃饭、穿衣、读书、写字，还教给我们做人的道理。

到了上学的年龄，父母又要接送我们上学。不管刮风下雨，每天接送不误。读完小学读中学，读完中学读大学。父母的关爱一路伴随我们成长，直到我们成家立业，有了自己的家庭和生活。而做父母的却一直默默付出，背驼了，腰弯了，头发白了，韶华不再，从来不图回报。如果我们给父母一个微笑或是一个喜讯，打个电话报个平安，父母就会看作是对他们最好的回报了。

谁能够给我们这样一如既往、不计回报的爱？世界上只有父母才能做到。

父母的恩情比山高，比海深，无论我们怎么报答，都难以回报父母对我们的爱。所以古人发出了"谁言寸草心，报得三春晖"的慨叹。

《孝经》中说："身体发肤，受之父母，不敢毁伤，孝之始也。""立身行道，扬名于后世，以显父母，孝之终也。"如果我们这样做，应该算是孝子了。

那是 2019 年 6 月 8 日下午，高考最后一场考试即将结束。合肥第十中学考点的大门外聚集了很多考生家长，在等候自己的孩子。

将近 5 点钟的时候，一位身穿黄色 T 恤衫的高个男生从大门内走出来，他的母亲笑着上前迎接。刚冲着他说了一句"终于结束了……"，话音未落，令人震惊的一幕出现了。这位考生已经大步来到母亲跟前，"扑通"一声双膝跪地，高声喊道："妈妈，谢谢您，这些年您辛苦了！……"母亲见状，万般滋味一下涌上心头，什么话也说不出来，只剩泪奔！在场看到此景的其他妈妈们也都情不自禁湿了眼眶。

这名考生叫王恒杰。王恒杰的妈妈李女士说，当时看到孩子跪谢自己时，心里除了感动，还有一股幸福的暖流充满心田。

少年朋友们，你曾想过用这类方式让父母感受你的孝心吗？假如你想，那么你就在你的生日现场，或是嘉奖场合，或是父母的生日宴会上双膝跪地行一个传统大礼吧。你这样恭敬地一跪，相信一定会让他们感动的，他们一定会觉得自己以前为你所有的付出都很值得呢！

第二节 "孝是人道第一步，孝顺子弟必明贤"

《百孝篇》开篇就说："天地重孝孝当先，一个孝字全家安。孝是人道第一步，孝顺子弟必明贤。"几句话说透了孝道的重要性。

孝顺是人最基本的美德，在"孝、悌、忠、信、礼、义、廉、耻"这八德中，孝是排在第一位的。一个有孝敬心的人，能够友爱他的兄弟姐妹，因为"兄弟睦，孝在中"啊！一个有孝敬心的人，能够注重道德修养，不做坏事，因为"德有伤，贻亲羞"啊！一个有孝敬心的人，能够珍爱自己的生命和身体，因为"身有伤，贻亲忧"啊！一个有孝敬心的人，也能孝敬其他老人，因为"老吾老以及人之老"啊！一个有孝敬心的人，能热爱他的祖国，因为"家是最小国，国是千万家"啊！

中华民族是一个十分看重孝道的民族，古代二十四孝《扼虎救父》故事中的孝女杨香，就有一颗赤诚的孝心。

晋朝时，有个女孩叫杨香，在她很小的时候母亲就去世了，父亲含辛茹苦把她拉扯成人，并对她进行孝道品德的教育。杨香在父亲的教育下，心地善良，懂得孝道，她知道父亲抚养自己不容易，因此，对父亲格外孝顺。

14岁那年，杨香随同父亲去田里割稻，忽然蹿出一只大老虎，扑向父亲。杨香一心想着父亲的安危，完全忘记了自己与老虎的力量悬殊。只见她猛地跳上前去，拼尽全力勒住老虎的脖子，任凭老虎怎么挣扎，她两条细嫩的胳膊始终像一把钢钳一样扼住老虎的咽喉不放。老虎终因喉咙被卡，无法呼吸，瘫倒在地。一个小女孩徒手搏虎，并从虎口中救出了自己的父亲，可见孝的勇气和力量是多么的巨大！

"孝是诸德之本"。我们的先人讲究"百善孝为先"，古代贤明的君主都讲究以孝治国，挑选有孝德的人来做官，为百姓树立人伦榜样，这样国家才能长治久安。

晋朝的时候，山东琅琊（今山东临沂）有一个男孩子叫王祥，他的生母去世了，父亲又娶了一个妻子朱氏，就是王祥的后母。后母不喜欢王祥，可是王祥很听后母的话，后母叫他做的事，他都尽力做好，还特别友爱同父异母的弟弟王览。

一个寒冷的冬日，后母生了病，按照当地郎中的医嘱，必须喝鲤鱼汤才能痊愈。可是天寒地冻，哪里去买鲤鱼呢？想着母亲的需要，王祥来到了河边，想看看河边能不能凑巧有卖鲤鱼的。但是，北风呼啸，河水早已结冰，河边一个人影也没有！他急得要哭了。

这时，孝母心切的王祥灵机一动，想到用自己的体温融化河冰捉鲤鱼！他脱掉上衣，赤着上半身裸卧在刺骨的冰面上。寒冰冻得他全身颤抖，但他仍然强忍着、坚持着……不知道过了多久，王祥身下的冰面突然"咔嚓"一声裂开，随后两条鲤鱼一前一后从冰窟窿里蹿了上来。王祥大喜，穿上衣服，抱着鲤鱼飞奔回家，煮了鱼汤给后母喝，后母的病果真就痊愈了。

王祥"卧冰求鲤"的美名传遍天下，后来被朝廷提拔至太尉、太保等官职，他每到一处，政绩斐然，百姓有口皆碑。

如果你是被收养的，养父养母也很不容易，他们为你的成长付出了很多很多，而且对你寄予了很大的期望。在这种家庭长大的孩子，一定要更加孝敬养父母，千万不要伤了他们的心。

山西省临汾市隰（音xí）县有一个女孩叫孟佩杰。在她5岁那年，父亲被车祸夺去了生命，迫于生活压力，母亲不得不把她送给一个叫刘芳英的女人收养。8岁那年，养母刘芳英突然患上了椎管狭窄症，下半身瘫痪，生活不能自理。不堪重负的养父离家出走，留下了年仅8岁的孟佩杰和瘫痪在床的养母。

孟佩杰从8岁起就承担了侍奉瘫痪养母的重任，每个月两人就靠养母微薄的病退工资为生。佩杰每天在上学之余要买菜、做饭，为养母刘芳英洗漱、梳头、换洗尿布、全身涂抹三种褥疮药膏。她日复一日照料养母，任劳任怨，不离不弃。

2007年，养母的病情开始恶化，并完全丧失了自理能力。初中刚毕业的佩杰主动选择了在临汾学院隰县基础部深造，以方便就近照料养母。2009年，在隰县上完两年学后，佩杰还必须到临汾（总校）再接受三年教育，于是她决定带着养母去上学。为了方便照料养母，佩杰在离学校最近的地方租了间房子，并向学校申请了走读，每天奔波在课堂和出租屋之间。

照料养母的生活起居，是佩杰每天耗时最长的"必修课"。她把省吃俭用节省下来的钱给养母买衣服，而自己穿的多是亲戚朋友家孩子不要的旧衣服。在其他同龄女孩纷纷开始化妆打扮时，她还梳着最简单的学生头，把有限的钱都用在了日常开支和养母身上。她说："我少买件衣服，少吃顿好饭，妈妈就能多买些好药，少遭点罪。"

孟佩杰全心全意孝待养母的故事，不也令人觉得感天动地吗？！正因如此，孟佩杰被评为"2011感动中国人物"，上了央视，她的事迹也一夜之间传遍天下。

孝顺的孩子，知道父母责备我们是为了我们好，知道父母发怒是"恨铁不成钢"，知道自己有了成绩为父母争了光父母一定很开心。所以，时时想到父母对我们的期望，努力地去把它实现，不让父母失望，才算得上是孝顺孩子。

《孝经·感应》中说："孝悌之至，通于神明，光于四海，无所不通。"意思是说，孝心孝行到达的地方，神灵都受到感动，家庭都能和谐，事业都能顺利，后代贤人辈出。

不孝顺的人会怎样？一个没有修养、不懂反哺、动辄忤逆父母的人，他与老师、上司、同事等所有人的关系都难以处好。这样的人日常生活和工作都不会顺利，经常挫折连连，重要时刻总是与成功无缘。这是因为忤逆的人多会"抗上"，忤逆又"抗上"的人一般名声不好，口碑不好，人缘不好，这样一来，他的人生又怎么会不坎坷呢？

那么，我们应该如何全面理解孝的涵义呢？孝敬父母有四层境界，即"养父母之心""养父母之身""养父母之志""养父母之慧"。

第一层境界，养父母之心。少年要听从父母的教导，好好学习，不惹父母生气；力所能及地帮助父母做家务，不给父母添麻烦，减轻父母的各种负担和疾苦，懂得宽慰父母。我们常做让父母安心、省心、开心的事，做让父母深感荣耀的事，不做让父母劳心、费心、担心的事，就是养父母之心了。

第二层境界，养父母之身。等自己长大了有了工作，有了经济条件以后，要真诚地赡养父母，为父母提供吃穿住行等便利条件，定期给父母钱花，让父母生活得更好。

第三层境界，养父母之志。自己好好做人，努力奋斗，建立功业，实现父母对自己寄托的期望，不让父母因我们不成器而心怀遗憾。

第四层境界，养父母之慧。千方百计创造条件，让父母在步入中老年后还能不断学到新知识，学到国学经典中的智慧，丰富他们的精神世界，让他们活得更充实，更有意义。

倘若你现在年龄还小，那么你也要懂得孝敬父母的道理，能做多少就做多少，不做或者少做忤逆父母的事，也算得上是一个孝子了。

第三节　为父母做好这 24 件事

第 1 件：记得父母的年龄和生日，为父母过生日，送上生日礼物，并拥抱爸爸/妈妈，说些"我爱您！""爸爸/妈妈辛苦了！"等感恩的话。

第 2 件："出必告，反必面"。若是外出或在外读书时要与父母保持定期联系，保持一周至少两次以上的电话问候，报平安，不要跟父母长期"失联"，不要让父母牵挂。

第 3 件：如果因做错了事或者学习成绩不理想而遭到父母的批评，一定要理解这是父母的舐犊之念，不必计较父母的态度，多检讨自己的不是，虚心认错，赶快改正。千万不可当作耳旁风或者无理争三分。

第 4 件：帮助父母分忧，做一些力所能及的事，例如帮父母洗衣，做饭，看护弟妹。自己有能力做的事情就不麻烦父母。

第 5 件：努力把学到的礼仪知识用到待人接物当中去。别人对你的所有赞美，都是对你父母"教子有方"的赞美，都能为父母赢得好名声。

第 6 件：耐心聆听父母的叮嘱，回应父母的发问。不要因父母的重复问询或啰嗦表现得不耐烦。记住每次通完电话后让父母先挂电话，而不是自己先挂电话（只有父母和尊长才有资格先挂电话）。

第 7 件：珍惜父母的劳动成果，理解父母的节俭习惯，不奢侈浪费，不大手大脚，不随便扔掉父母留用的东西。

第 8 件：多要求父母讲讲过去的事情，特别是那些父母当年引以为豪的事情，从而学习父母的优点。

第9件：与父母保持无障碍沟通，常与父母交流自己的学习情况、思想收获、对事物的看法、学校里发生的趣闻以及自己新认识的朋友和值得骄傲的事。

第10件：不隐瞒正在发生的大事，及时征求父母对重大事情的意见。让父母为你的成长出谋划策，保驾护航。遇到困惑时，如果你不想告诉父亲，可以告诉母亲，父母不会伤害你。

第11件：教父母使用新技术，如网上购物、移动支付等，带着他们与时俱进。

第12件：父母生病要放在心上，悉心照顾、不嫌弃、不漠视。因为父母是家庭生活的支柱，父母倒下了，你的生活立马会变得黯淡无光。

第13件：对父母说话要保持恭敬，不指手画脚，不给父母脸色看，不顶撞训斥父母，不用命令的口气让父母做这做那，不给父母心里添堵，不伤害父母的自尊心。

第14件：陪父母外出旅游时，自己的东西自己拿，多替父母分担行李，当好勤务员、小护士、小保姆、小保镖。途中不让父母为自己的安全操心。

第15件：旅游及日常生活中多为父母拍照片、拍视频，并做成各种台历或动态影集方便父母翻看。

第16件：经常陪父母散步、健身。有好的养生方法要及时告诉父母。

第17件：陪父母看电影、唱歌，支持父母的工作和有意义的业余爱好，支持父母正确的选择和决定。

第18件：买些国学经典书籍让父母学习，或者干脆自己给他们当老师，边读边讲解边分享自己的学习心得，使他们活得有智慧、有价值、有意义。

第19件：常说感恩父母的话，让父母知道你是一个有孝心和懂得报恩的孩子。

第20件：人非圣贤，孰能无过？父母有了过错，要含蓄地劝谏其改正。

第21件：有成绩和荣誉就归功于父母，有错误就归咎于自己。主动忽视父母的缺点，宣扬父母的恩德和功绩。

第22件：支持单身父母再婚重组家庭，不愚昧地做绊脚石，不干涉父母行使自己的合法权益，不让父母痛苦。

第23件：孝敬自己父母的同时也孝敬别人的父母，友爱自己的弟妹的同时也呵护别人的弟妹，做个齐家的带头人，做个邻居眼里的好后生。

第24件：不忘初心，牢记志向，踏实做人，践行梦想，力争超过父母，让父母因为有你而感到自豪和荣耀。

做好以上这些方面，就是对父母尽孝了。

每个人都有衰老的那一天，想一想，倘若我们的父母年纪大了，到了卧病在床需要我们端屎端尿伺候他们的时候，我们到底应该怎么做？我们做儿女的能不厌其烦地、不怕脏臭地、一如既往地尽孝吗？

《弟子规》中有"亲有疾，药先尝。昼夜侍，不离床"这样两句，讲的就是汉文帝在母亲卧病三年的时间里，目不交睫，衣不解带，亲自煎药并亲口尝过才让母亲服用的真实故事。

这里我要讲一位现代的吴老师，她跟两个弟弟争相孝母的感天动地的真事。

吴老师的母亲晚年不幸得了失智症，为了伺候母亲，她一有时间就从外省开车回湖南长沙家中陪在母亲身边照料。由于将每年的寒暑假都用来照顾母亲了，她几乎没时间安排旅游。

两个弟弟对母亲的照料一点也不比姐姐差。平时姐姐在外地上班不便回家，大弟是个船员，经常国外出差，小弟就24小时全天候承担起服侍母亲的任务。由于母亲先是半失能，后来完全失能，出现了大小便失禁的状况。每排泄一次，小弟都要亲手为妈妈清理，擦洗，涂抹精油，再换上干爽的衣服，然后把妈妈抱到床上休息。只要妈妈身上有一点点出现褥疮的征兆，他就及时擦油，绝不让妈妈再患上褥疮。除了第一个月由于缺少护理经验使妈妈患过一次褥疮外，后来近两年的时间里妈妈再也没有得过褥疮。

大弟回国休假期间，就把母亲接到自己家中，并把房间里的温度调成让人非常舒服的恒温，每天24小时伺候妈妈，同时分担姐姐弟弟的辛劳。

老人去世时，令所有医生和邻居们都非常惊讶的是，老人虽身患多种疾病，又长期卧床，竟然在姐弟三人的服侍下身上没留一点褥疮痕迹，没有一点异味，干干净净地离开了人世。

羔羊还能跪乳，乌鸦也懂反哺，想想父母对我们的倾力付出，想想做儿女的应该具备的孝心，我们怎能不好好地在他们需要的时候回报他们呢？！

不对父母的唠叨和斥责有抱怨之心，不对父母的无权无钱有怨恨之心，不以伤害自己来惩罚父母。感恩之心和报恩行动是我们青少年应该具备的美德。

第四节 "亲有过,谏使更。怡吾色,柔吾声"

父母有了过错怎么办?《弟子规》告诉我们:"亲有过,谏使更。怡吾色,柔吾声。"

现实中存在着一些"无明"的父母,即"三观"(世界观、人生观、价值观)问题很多、教子无方无道、既智慧不够又不虚心学习的愚昧父母。

因此,我们既不要认为父母完全正确,盲目迷信他们;也不要认为父母一无是处,全盘否定他们。如果父母的正能量很足,我们就把他们作为学习的榜样,接受他们的引领;如果父母正能量不足,甚至时而表现出错误的观念和言行,那么我们就及时地劝谏他们改过,只要改了就是好父母。

郭继承老师就曾经遇到过学生向他反映这类父母的情况。有一次在讲课后,有个大学生找到郭老师说:"老师,我每次听你讲课都觉得你说得很对,我们大学生就是应该以民族的根本利益为己任,想着大众,奉献社会,服务社会。可是,我每次给家里打电话汇报自己这些学习收获的时候,我的父亲就叮嘱我'不要听别人这么说,别人的事情咱不管,出门在外千万不要吃亏'等等。所以我觉得很痛苦,很矛盾。"

这些父母看似"护犊情深",实际是目光短浅,智慧不足。这些父母"私"字当头,不知道扭曲了多少孩子的价值观,扼杀了多少孩子的梦想,把"乔木"变成了"灌木",把伟男变成了侏儒。我把这类父母称为糊涂的"无明父母"。

面对这类"无明"的父母,我们不应该表现得无所适从或者听之任之。首先是要一分为二地看问题,金无足赤,人无完人,当然也没有完美的父母。他们最初"想让孩子好"的出发点是无可指责的,只是由于他们的大智慧不足限制了他们的眼界和价值观,给孩子指错了方向而已。再就是要及时地用正确的道理劝谏他们,用正能量的行为影响他们,不要放弃原则地顺从他们。

劝谏父母应"怡吾色,柔吾声",也就是好脸色,好话语。我的妈妈几次与我通电话都称赞我的弟弟,说他在父母跟前说话总是柔声细语,恭敬有加,从来不会杵倔横丧。从妈妈赞叹弟弟的话语中,我听出了妈妈在暗示我做得不够好，让我多向弟弟学习，不要忽略父母的心理感受。从那以后我就想，如果我们无论在平时还是劝谏父母改错的时候，都用我弟弟那样的态度去跟父母说话，怎么会没有好效果呢？

如果劝谏父母的时候父母不听怎么办？《弟子规》中又说："谏不入，悦复谏。号泣随，挞无怨"。劝谏父母的过错时既要"怡吾色，柔吾声"，旗帜鲜明地"谏使更"；又要"谏不入，悦复谏"，讲究方法反复劝谏。

劝谏父母时不应用居高临下训斥的口气，那样会伤害父母的自尊心，令他们难以接受；而应在父母心情好的时候通过暗示、旁敲侧击的方法达到劝谏的目的。劝谏父母是一门学问，太过直接或者太过急躁都会适得其反。

这里先讲一个现代少年劝谏父母的《电灯怎么灭了？》的故事：

一个初三年级的住校少年这天晚上回家取东西，看到了父母招徕一帮人在家里开赌场的场面。现场除了父母，还有好几位熟悉的叔叔、伯伯、邻居大哥等。实在让他感到不该的是，父母除了容留他们赌博外，还从赢家那里抽红获利。

由于平时就注重学法守法，少年知道这是严重的违法行为，他立刻就想到必须劝谏阻止。但是，这些人平时与父母关系都不错，如果直接劝谏阻止肯定会让父母下不来台。怎么办？少年眉头一皱，计上心来，决定用"釜底抽薪"的办法劝谏他们。

按计划他先找到了控制赌场照明的电闸总开关，趁大家不注意突然拉下了电闸，赌场里瞬间一片漆黑。为了阻止人们继续赌博，他又迅速卸掉了电闸上的保险丝，在听到房内一片哗然之后，便悄然迅速地离开了"作案"现场。

等他在外面转了一个多小时重新回到家里的时候，原本热闹的赌场，早已像《聊斋志异》中描述的那样，"一片寂焉"！

人走了，场散了。父母心里非常清楚这是儿子干的，但是由于大人有错在先，他们没有责备儿子。从那以后，他们家里再也未出现过聚赌的事情。

接下来再讲一个古代少年劝谏父母改过的故事：

明朝景泰年间，在一个伸手不见五指的黑夜里，有个人想在离家不远的别人的麦田里偷割麦子。他让10岁的女儿帮着望风，看见有人过来就提醒他撤退。跟女儿吩咐完毕后，他就钻进第一块麦地里挥镰偷割起来。

刚割了一小捆，就听到女儿喊："爸爸，有人看到你了！"他吓了一跳，连忙停止动作，观察了半天，结果一个人也没有，于是他又弯腰偷割起来。可是刚割了几下，女儿又喊："爸爸，有人看到你了！"他又紧张地抬起头四处张望，还是一个人也没有。于是他把割下的麦子捆起来，准备进入下一块田里偷割。这时女儿再一次喊："爸爸，有人看到你了！"这时他非常生气地训斥女儿："你净胡说八道什么！人在哪儿呢？"女儿说："有人在天上看到你了！"

孩子说的"天上"的那个人就是头顶的神明，就是世间的道义，就是人心深处的良知。这个爸爸本来就做贼心虚，知道孩子是想通过这种劝谏的方式阻止他的偷窃行为，于是罢手回家，从此再也不干这类见不得人的勾当了。

不管我们承不承认，我们每个人的心中都有一个"神明"（即"道心"）在看着我们。只要及时地、巧妙地、智慧地唤醒父母心中的那个"神明"，促使他们的"道心"觉醒、强大，战胜他们贪婪的"人心"，父母的德行也就因我们的劝谏而有所长进了。

第五节 "顺从道义而不顺从父母"

真正的孝行，不是无原则的"愚孝"，不会让父母蒙受"不仁不义"的恶名。

顺从父母也要有原则。当父母说得对做得对的时候，我们就尊重，就顺从，就执行；当他们说得做得有原则性过错的时候，我们再盲目顺从，就会使父母陷于不仁不义的地步，就是"愚孝"了。

哪些事情属于有原则性过错的事情？比如，父母做损害他人利益的事情，做损害集体利益的事情，做损害国家利益的事情，等等。又比如父母怂恿你做损害他人利益的事情，做损害集体利益的事情，做损害国家利益的事情，等等。

人无完人，所有人都会犯错误，父母是人，当然也会犯错误。千万不要迷信父母，不要盲目崇拜父母，倘若他们没有学过国学经典，而你已经学过并掌握了国学经典的智慧，那么他们的"三观水平"可能还不如你。面对父母严重的偏离原则、违背道义的错误观点和行为，正确的做法应该是"敬而不顺"，及时劝谏，促使其回到正义的轨道。

有时候一些糊涂的父母会用"不听老人言，吃亏在眼前"的话来推行他们的错误主张，拒绝孩子的劝谏。这时你要明确地告诉他们，这个"老人言"指的是古圣先贤的正确言论，而不是现代父母的所有言论。子女完全没有必要被父母的这句话蒙住而放弃自己的原则和正确主张。如果你多次劝谏父母无效，那么就按照道义和原则的要求去做吧。等把生米煮成熟饭，将好的结果呈报给父母就行了。这不是叛逆，恰恰是真正的爱父母，是避免让父母背上骂名。

《荀子·子道》中说，孝子之所以不服从父母的命令有三种原因：

服从命令，就会把父母置于危险之下，不服从命令，就能保证父母的安全，那么作为孝子，就把不服从命令当作自己的忠诚；服从命令，就可能让父母遭受耻辱，不服从命令，就能让父母更加光荣，那么，孝子不服从命令就是在奉行道义；服从命令，就会让父母表现出禽兽一般的野蛮行为，不服从命令，就会让父母表现出端正、富有修养的行为，那么孝子不服从命令就是恭敬。

我们做子女的，只有明白了上述这个服从或不服从的标准，并能做到对父母态度上恭敬，内心里真诚，就问心无愧了。

自古圣贤就认为："顺从道义而不顺从父母"，是孝敬父母的最高境界。

孔子的弟子曾参问孔子："子女顺从父母就可以说是孝吗？"孔子立刻回答说："这是什么话！这是什么话！当父母有不义的地方，就要设法婉转地去劝阻他们，这样才能使他们不陷入不义之中。如果一味地顺从，使父母陷入不义之中，又怎么能称为孝呢？"

一次，曾参在瓜地锄草，错把瓜苗的根锄断了。他的父亲曾皙发了怒，拿起大棍子就向他的脊背打去。曾参倒在地上好长时间没醒过来。过了好一会儿，曾参苏醒了，高兴地站起来，走上前对曾皙说："刚才我得罪了父亲，父亲用力教训我，没有受伤吧？"说完回到屋里，弹着琴唱起了歌，想让曾皙知道他的身体没有问题。

孔子听到这件事后发怒了，告诉弟子们："曾参来了不要让他进来。"曾参自以为没错，让人告诉孔子他要来拜见。

孔子对来人说："你没有听说过吗？从前瞽叟（音 gǔ sǒu）有个儿子叫舜，

舜侍奉瞽叟，瞽叟想使唤他的时候，他没有不在身边的；但要找他把他杀掉时，却怎么也找不到。用小棍子打，他就挨着；用大棍子打，他就逃走。所以瞽叟没有犯下不遵行父道的罪，而儿子舜也没有失去尽心尽孝的机会。现在曾参侍奉父亲，挺身等待父亲的暴怒，就算被打死也不躲避，这样做，自己死了还要陷父亲于不义，如果说不孝，还有比这更大的吗？"

曾参听后说："我的罪过太大了。"于是到孔子那里去承认错误。

在孔子看来，父母说得对做得对的时候，我们顺从他们就是对的；父母说得做得违背道义的时候，我们再顺从他们就是错的，这个时候我们可以不顺从。父母不讲道理地对我们施以责罚的时候，我们可以选择暂时逃离。我们顺从的是公理道义，只要心里确实敬重父母就可以了。

现实生活中确有一些目光短浅、"三观"极差的父母给子女灌输一些负能量的东西，做一些将子女引向邪路的事情，如果听他们的，那么就违背了道义，就违法了，就"贻亲羞"了，我们还要听吗？正确的答案是：不听，坚决不听！

一个成熟的青少年最可贵的就是有自己正确的是非观，坚持自己正确的主张，"顺从道义而不顺从父母"。不听父母无明的话，不被父母的错误言论迷惑，不被父母的错误行为所裹挟，不仅保持了自己高洁的品行，还能教育父母遵循正道，不做坏事，不让他们背上"坏人"的恶名。

并不是天下所有的父母都是好父母。那么怎么办？答案是：优秀的父母就顺从他们，平庸的父母就超过他们，邪恶的父母就远离他们。

第六节　应当怎样做儿女

《弟子规》中说："亲所好，力为具。亲所恶，谨为去。"父母希望我们做到的正当的事情，我们就竭尽全力去做；父母不希望我们有的那些违背公德的行为，我们就坚决不做。给父母荣耀，让父母欢心，是我们的基本义务和责任。

父母都喜欢这样懂事的儿女：一是孝敬父母，懂得感恩回报的；二是胸有大志，用心读书上进的；三是做事专注，能实现父母愿望的；四是性格开朗，善于沟通的；五是言行谨慎，比较自律的；六是处事沉稳，有智慧有主见的；七是善良正直，谦恭有礼貌的；八是有度量，善于忍让，不惧挫折，内心强大的。

凡是懂事的孩子，都能够默默地按照父母的正确要求去做。一旦有错，在受到父母责罚的时候，首先考虑的是理解父母的用心，反省自己错在哪里，赶紧改正错误，"不迁怒，不贰过"。一个人能及时改正错误，父母就无比欣慰了。

此外，一个真正爱父母、有孝心的孩子，会做到"五不怨"：

一不怨父母无能；二不怨父母啰嗦；三不怨父母抱怨；四不怨父母迟缓；五不怨父母生病。

父母唠叨也好，啰嗦也罢，这些行为的背后都隐藏着长辈对子女的一片深深的舐犊之心。好孩子不会嫌弃父母、顶撞父母、惹父母生气。

青少年时期的孩子，往往都觉得父母就是一座高山，强大无比。父母每次对我们的指责或批评，都会让我们感觉压力山大。我们要提前认识到这个问题，凡是父母说得对的，我们就听从，对自己严格要求，多多理解父母，包容父母，处理好与父母的关系。

《礼记》中说："做儿女的，出门的时候一定要当面向父母禀报，回到家后也要当面告知父母，外出游玩的时候必须要有常去的地方，学习的时候必须要有一定的内容，说话的时候不在老人面前提'老'字。遇到年纪比自己大一倍的人，对待他要像对待自己的父亲一样；遇到年纪比自己大上十岁的人，对待他要像对待自己的兄长一样；倘若遇到年龄仅比自己大五岁的人，就能与之并排着向前走，但要略微靠后一些，以表示尊敬。倘若五个人住在一个地方，那么年龄最大的人应该另坐一席。"这些古圣先贤的谆谆教导，现在虽然在实际行动上不必那么刻板遵守了，但在心里还是要有这个意识。

倘若你生活在一个单亲家庭，请不要怨恨父母。父母的分合是他们的事情，他们的离异可能有着你无法理解的不得已的苦衷，不是子女可以左右得了的。人生不如意者十之八九，多包容父母，承认现实，把坏事变成好事，把学习成绩搞上去，让自己成为父母的骄傲，让他们少一些担忧和愧疚，才是一个懂事的好孩子。

我知道这样一个男孩儿。他的母亲在生活中是个有情有义的"粗线条"，但是他的父亲却是个万里挑一的"洁癖精"。这么两个人在一起免不了因为东西摆放不好、地上洒了水滴、忘了购买物品等生活琐事发生争执，久而久之，竟离婚了。

走到了这一步，男孩儿的父母都对儿子心生愧疚，生怕儿子因此事心里留下阴影，心灵产生扭曲。但可喜的是，这个男孩儿非常豁达，不但没有对父母心生怨恨，反而跟父母开玩笑说："分开也好，你们确实不合适。我现在性格里既有父亲的处事严谨，又有母亲的开朗洒脱，你们的优点我全继承过来了，你们的缺点我身上一点也没有，我对你们非常感恩！"一席话把父母说得愧意全消，直夸儿子是个懂事的好孩子。

身无饥寒，父母不曾亏我；人无长进，我何以面对父母？

虽然父母对我们宠爱无边，但就我们自己来说，要尽快精神上断奶，自我成长，自食其力，不做"啃老"一族！

每个孩子都希望父母能够在物质上、精神上给予自己关爱，在人生经验上给予自己指导，在学习上给予自己帮助，在事业上给予自己助力。但是，梦想很丰满，现实很骨感，有些父母根本帮不上你多少忙。你可能实际面对的是，父母观念已经过时，他们与你有着明显的代沟；他们每天还要忙于生计，供你读书，根本无暇顾及你的心理诉求；遇上那些三观不正、脾气暴戾的父母，他们的无明行为让你一再受到伤害，你更可能怀疑自己生错了家庭。怎么办？办法就是先把你那颗焦灼的心安定下来，舒展开来，"有山靠山，没山独担"，揣着你强大的心，提着你炼就的"长剑"（智慧）独自去征战江湖吧。

相传舜帝家世甚为寒微，虽然是五帝之一颛顼（音 zhuān xū）的后裔，但早已是五世以后，处于社会下层。更为不幸的是，舜的父亲瞽叟是个盲人，母亲很早去世。瞽叟续娶了妻子，并又生了一个儿子象。舜的父亲心术不正，继母两面三刀，弟弟象桀骜不驯，染上了一身的坏毛病。舜就这样生活在"父顽、母嚚、象傲"的家庭环境中。几个人串通一气，总是想害死舜，以便霸占其家产。然而舜对父母不失子道，十分孝敬；对弟弟不失悌道，十分包容友善。

舜在父、母、弟要加害于他的时候，就及时逃避；过后又会若无其事地回到他们身边尽可能给予帮助。就连他娶妻这件事，为了避免家人的破坏，也为了防止父母背上"恶人"的骂名，他采取了"先斩后奏"的方式，在外"把生米做成熟饭"，让父母抓不到机会，做到了"欲杀，不可得；即求，常在侧"。

舜既孝敬父母，又不愚孝，从不怨天尤人。家人这样对他，让他非常痛苦，他常常一人跑到荒野里嚎啕大哭，向着苍天责问自己哪里还没有做好，为什么就不能感化父母让父母接纳自己呢？

舜的家人对他如此恶劣，他却能表现出非凡的品德，处理好与父母、兄弟的关系，实在是我们做儿女的榜样啊！

舜的那个时代没有什么四书五经可读，也没有什么学校，他完全是凭着自己的品德修养和智慧，用恰当的方式对待亲人，处理好每一件事情。

现在我们不是有四书五经可读了吗？那我们还怕什么？我们完全可以用国学经典中的智慧点亮自己的心灵，处理好与父母的关系呢！

第七节　应当怎样做兄弟姐妹

俗话说，兄弟如手足。一个人的生命中能有兄弟姐妹相伴，是件很幸福的事情。因为一旦遇到什么困难，最先伸出援手的就是兄弟姐妹了！兄弟姐妹都是父母的心头肉，因此，处理好同兄弟姐妹的关系，让父母开心，就是间接地孝敬父母了。《弟子规》中说的"兄弟睦，孝在中"，就是这个道理。

那么我们应当怎样处理好与兄弟姐妹的关系呢？我觉得应该把握好几点：

一、兄弟姐妹本是同根所生，血浓于水，要以义为根，相互尊重，勠力同心，不分彼此，同甘共苦。

汉朝的时候，有个人姓姜名肱（音 gōng）。他有两个弟弟，一个叫姜仲海，另一个叫姜季江。他们兄弟三人非常友爱。

一次，兄弟三人一同去京城办事，结果半夜回来的路上碰到一帮强盗，喝令他们站住。月光下，强盗面目狰狞，手拿明晃晃的匕首直逼姜家三兄弟。这时，哥哥姜肱上前一步站在强盗前面，把两个弟弟挡在身后，非常镇定地说："我是哥哥，我这两个弟弟还小，你们要杀就杀我吧，希望你们放他俩一条生路。"后面的大弟弟也冲上前来说道："不！你不可以伤害我哥哥。哥哥比我们俩都懂事，是我们爹妈的好帮手。我年纪小，要杀就杀我吧！"兄弟三人都争着去替大家死。想到朝夕相处的兄弟转眼之间可能要生死两隔，三人不禁抱头大哭。

兵荒马乱时期的盗贼，其实有些就是普通的老百姓，他们也有爹妈兄弟，是因为活不下去才做盗贼。盗贼被这三兄弟的手足情深深打动了，为首的一个说，"我今天终于见到什么叫兄弟情了"，之后就放他们走了。

兄弟如手足，手足无彼此。

这里所说的兄弟姐妹，也包括同父异母或同母异父的兄弟姐妹。而这些兄弟姐妹中有很多通晓大义、不分你我、兄友弟恭的实例。

晋朝的王览，有个同父异母的哥哥叫王祥，也就是前文提到的那个"卧冰求鲤"的大孝子，王览对这个兄长很敬重。王祥对待后母非常孝顺，而后母对王祥却非常不好，经常打王祥。王览看到了，就流着眼泪抱着哥哥哭。后母刁难王祥，王览就帮哥哥一起去做。王祥成年娶妻后，他们夫妻常常一起受到后母的责罚。每次母亲惩罚大哥，王览都带着妻子过来安慰哥哥，尽心调和他们之间的关系，化解危机。

一次，后母在酒里下了毒，要给王祥喝，被王览发现。情急之下，王览把毒酒夺过来就要自己喝，这时后母匆忙把毒酒打翻在地，唯恐自己的亲生儿子被毒死。见此情形，后母也很惭愧，心想自己时时想致王祥于死地，而自己的儿子却用生命来保护他，看来是自己错了，当场和兄弟俩抱在一起痛哭流涕。王览不但保护了哥哥，最终也没让母亲留下万人唾骂的恶名。

俗话说："打虎亲兄弟，上阵父子兵！"在一次访谈节目中，香港明星张柏芝曾说起自己在少女时代保护弟弟的事。一次，她听说上小学的弟弟被人无端欺负，立马找到那个欺人者暴揍一顿，直揍到那小子满口求饶为止。为了弟弟不再被人欺凌，她有一段时间天天陪着弟弟上下学。

二、"财物轻，怨何生"。在财物上，不藏私心，不分你我。是大就让小，你好我才好。得到兄弟姐妹的帮助后，我们还要懂得铭记恩德，知恩报恩，不可看作理所当然。

三、身为兄长或大姐，就是半个家长，平时要像父母那样爱护弟妹，以身作则，多担责任，协助父母；弟弟妹妹平时要多尊重哥哥姐姐，服从他们的安排。

四、身为哥哥姐姐，要自觉维护弟弟妹妹的切身利益，保护他们的人身安全，带领弟妹学习各种生活和礼仪知识，为弟妹做榜样。

五、兄弟姐妹之间有了矛盾，一定要相互包容，相互谅解，多念手足之情，尽快重归于好，不搞窝里相斗。

六、承父母志，继祖先德。学习长辈的好德行、好家风，把家中的优良传统发扬光大。

第八节　给父母添荣耀

时代在前进，我们的父母代表着过去，代表着昨天。我们和他们最大的不同就是，青少年是刚刚从地平线上升起的太阳，有着无限的可能性和无比灿烂的前程。我们青少年要努力超过父母，优于父母，成为父母的荣耀和骄傲。

怎样超过父母？假如父母是一片沙漠，你就长成一片绿洲；假如父母是一片丘陵，你就长成一片森林；假如父母只是一片云，你就化作雷雨闪电；假如你祖祖辈辈都是"下里巴人"，你就成为"阳春白雪"……总之，你要努力比你父母更优秀，更强大，更有作为，开拓出更加辉煌的人生！

"将相本无种，男儿当自强"。只有那种自动、自发、自强、自律的人，才能出成绩，成气候，带给父母实实在在的荣耀。

在清华大学2019级本科新生开学典礼上，清华大学校长邱勇点了四个新生的名字，其中一个是来自云南的学霸林万东。

林万东出生在云南省宣威市阿都乡一个贫困的小山村。由于父亲有腰伤，无法干重活，全家仅靠母亲一人在外搬砖背沙赚钱生活。

高考刚刚结束，林万东就马不停蹄地来到母亲劳作的地方陪着母亲一起打工。他在日记中写下："唯有自强不息，我们才会有日后的无限可能。"

高考成绩公布的时候，林万东正在工地汗流浃背地搬砖，得知自己考了713分，他赶紧把这个喜讯第一时间告诉母亲。母亲听后欣喜万分，觉得多少年来的风餐露宿，汗水泪水，所有的付出都值得了。

2018年3月5日,世界顶级科学期刊《自然》,竟然一天之内刊登了两篇关于石墨烯超导的论文!而这两篇论文的第一作者竟然都是只有22岁的中国"天才少年"曹原。

曹原是何方神圣?

曹原1996年出生于四川成都,3岁时随家人迁往深圳。他自幼就十分热爱学习,读小学时,往往老师刚说出题目,他就能得出答案。

他特别喜欢捣鼓电子产品和阅读科技类书籍,经常去电子市场买电子元件,拿回家来拆了装、装了拆地研究电子线路。

2007年9月,他顺利考上了以"超常教育"闻名的深圳耀华实验学校。在课堂上踊跃发言的他,提出的问题有时竟然让老师都难以回答。

他在学校搞了个实验室,在家里也弄了个实验室,有空就做科学实验。当时做实验所需的硝酸银很贵,也难以买到,他就买来了硝酸,偷偷把妈妈的银镯子放了进去,真的就人工"合成"了硝酸银。这些事惊动了校长,校长觉得这孩子是个好苗子,当即决定送他进少年班,接受"超常教育"。

进入少年班之后,他1个月读完初一的课程,3个月读完初二的课程,不到半年读完初三的课程,2009年9月,才13岁的他就考上了高中! 2010年,14岁的他参加高考,考上了中国科技大学"严济慈物理英才班"!

在大学里,他继续求知若渴,经常穿梭于各大教授的办公室,提出一些刁钻古怪的问题与教授们一起探讨。

2012年,他作为首批交流生,被中国科技大学派去美国密歇根大学。2013年6月,他又被英国牛津大学选中,受邀做两个月的科研实践。2014年,导师推荐他前往美国麻省理工学院深造,他随即前往攻读博士学位。

曹原一直记得上中学物理实验课时老师曾经提到的一个很有趣的问题,即谁能在常温状态下发现一种超导材料,就有可能颠覆世界。2017年,曹原发现了石墨烯的非常规超导电性,他推测,当促使叠在一起的两层石墨烯彼此之间发生轻微偏移时,材料可能会发生剧变,这样有可能实现超导体性能!

可是,当他说出自己的想法时,却遭到物理学家们的质疑,他们认为根本不可能。但曹原并没有在权威们的质疑面前退缩,而是要亲自验证一下自己的想法是否正确!

为此，他日夜待在实验室里，克服了实验中的高温等各种困难，奇迹发生了！当他将两层石墨烯旋转到特定的"魔法角度"（1.1°）叠加时，它们可以在零阻力的情况下传导电子，成为超导体！

这个困扰了世界物理学界107年的难题被曹原解决了。震惊世界的石墨烯传导试验终于成功了！如今，数百位世界级科学家正试图拓展他的科研成果。一旦成果落地，将为世界能源行业节省数千亿美元。

每个人都无法选择自己的父母及家庭条件，我们无需跟同学比谁家钱多，谁穿得好，谁吃得好，谁的手机是名牌，谁的父母地位高。别人好过自己或者自己好过别人都是暂时的，都是可以改变的，都不重要。自己要跟人家比的是谁学习更努力，谁的成绩更优秀，谁读的国学经典更多，谁的德行修养更好，谁更孝敬父母，谁更有志气、有本事。因为唯有不断地增加正能量，不断创造和超越自我的人，才能给父母带来荣耀。

第九节 "积善之家，必有余庆"

《易经》中说："积善之家，必有余庆；积不善之家，必有余殃。"意思是说，积极做有益于他人、国家、社会善事的人家必有延绵不绝的好运，会惠及家族及子孙；不择手段做坏事坑人害人的人家，一定会有倒霉的事情出现，并且会殃及子孙的命运。所以，只有家庭中的每个人都向善行善，一个家庭的未来才有希望。

中华民族自古以来都欣赏和褒扬那些积善的家庭，鄙视和唾弃那些作恶的家庭。历史上的范姓家族，就是一个倡导积善并且惠及子孙的大家族。

范仲淹自幼立志"先天下之忧而忧，后天下之乐而乐"，一事当前他不会先为自己考虑。他处庙堂之高，则忧其民；处江湖之远，则忧其君。

一次，一位风水大师告诉他说，有一块土地风水极好，谁能买下它，将来家里一定会高人辈出，家族兴旺。范仲淹想，既然有这么好的地方，为什么不买下来造福乡邻呢？于是他就买下来，修建了学堂，让十里八乡的孩子都来读书，希望这些孩子都能够借着这块风水宝地，通过读书振兴家族，造福社会。

据说这个学堂从北宋至晚清，光进士就出了300多位，范家的后代也在其中。范仲淹本人的最高职务是副宰相，而他儿子官至正宰相。800多年来，范氏家族繁衍不绝，英才辈出。

这说明愿意为别人着想的人，上天都会帮助他。假如当初他把这块风水宝地只留给自己使用，哪里还能有这么大的贡献呢？

好的家风，是一个家庭最好的精神不动产。有了它，家人就可以不卑不亢，顺境时不忘形，逆境时不怯懦，贤能的子孙一代胜过一代。好的家风就是小至一个家庭，大至一个国家的福祉！

据说18世纪的英国，有个马克·尤克斯家族。这个家族不讲任何信仰，没有任何精神寄托。整个家族家风败坏，没有凝聚力。经过差不多200年后，人口总数发展到了903人，但这些人里面有440人患上了性病，出了310个流氓，190个妓女，100个酒徒，60个小偷，7个杀人犯，130人坐牢13年以上，只出了20个商人，其中的10个还是在监狱里服刑时学会经商的。

通过比较中国的范仲淹家族和英国的尤克斯家族，可以看出家风的重要性。一个家族能否强人辈出，一代胜过一代，主要看这个家族有没有一个好的家风。一个家族好的家风主要表现为：

第一，"天行健，君子以自强不息"。君子处世，应像天道运转那样，发愤图强，永不懈怠。如果能够做到这样，那么这个家庭就会呈现出欣欣向荣的趋势。

第二，"地势坤，君子以厚德载物"。大地宽厚而又和顺，君子处世也应当像大地那样，注重德行，包容万物。一个家庭能够做到这样，这个家庭一定会和谐共进，英才辈出。

第三，"勿以善小而不为，勿以恶小而为之"。不要因为好事很小就不去做，更不要因为坏事很小就去做。只有不断地坚持善念善行，弘扬正能量，才能让你的家族趋吉避凶，兴旺发达。

"积善之家必有余庆，积不善之家必有余殃"。种下的是崇德修心、自强不息、积极向善的种子，就一定会培育出英才后代；反之，不讲信仰，不注重家风建设，恣意妄为，就一定会生长出祸乱社会的不肖之徒。

本人以为，根据目前社会发展的需要，好的家风可以细分为如下18个方面：

尊师尚学、崇德修心、见利思义、奉公守法、诚信敬业、礼让包容、奋进开拓、厉行节约、夫妻和睦、父慈子孝、兄友弟恭、睦邻友好、扶贫济弱、知恩图报、换位思考、谨言慎行、戒骄戒躁、"己所不欲，勿施于人"。

如何才能做好上述这18个方面呢？这里讲个姜太公"万世恒言"的典故：

有一天，周武王询问满朝的官员："有什么约言能够成为世世代代用来遵循的训诫留给子孙吗？"

姜太公对武王说："处事端肃、恭敬、警戒，就可以万世长保；而邪恶不正，则会被废止、灭亡。"武王听后如获至宝，立刻让人记录下来并作为座右铭。

一个家族要从平庸中崛起，一定要有处事端肃、恭敬、警戒和艰苦奋斗的家风。

艰苦奋斗不一定就是说粗茶淡饭，而是一种人生的态度，是一种不管过得多好，都要去奋发努力，不求安逸，不走邪路，勇往直前的态度。

以善处世的家风需要精心培植，行之有效的家风需要倍加呵护——老人要宣扬家风，父母要示范家风，夫妻要掌舵家风，子女要继承家风，孙辈要顺受家风，兄弟姐妹要竞比家风。

有的家庭一直不能崛起的原因是沉痛的：老人无德，一家遭殃；子女不孝，没有福报；男人无志，家道不兴；女人不柔，把财赶走。

有本叫《内训》的书中说："在亲人和亲戚之间，不忘记每个人小小的善行，不记着每个人小小的过失。而要记住每个人的小好，则相互之间恩义会长久下去；忘记人家的小失小过，是谅解的表现，人家就不会生出怨恨而说你的坏话了。"

一个好的家庭到底能不能"富过三代"？对于这个问题，自古以来就有完整的答案，这就是："道德传家，十代以上；耕读传家次之；诗书传家又次之；富贵传家，不过三代。"这里揭示了"创业容易守业难"的道理，又揭示了"道德传家"是最好的家风。

不管家庭如何富有，如果没有优秀家风培育出来的杰出人才作领军人物，就很难将积累的财富传过第三代。因此也有"一代创，二代守，三代耗，四代败"的说法。一个杰出人才创建了"道德传家"的家风，就有可能创造富过十代的家族。

世间称得上是"优秀子弟"的人才，一定是德行好，格局大，爱学习的人。他们总是用拼搏对待现在，用汗水浇灌未来。这些人是带领家族由贫穷到富有，由富有到显赫的人。你是不是你们家族中这样的人才呢？

第二章

学养篇

第一节　读千年美文，做少年君子

什么样的人才算君子？孔子把他赞美的人分为四类：第一类叫"有恒者"，即不伤害别人又勇于进取的人；第二类叫"善人"，即唤醒了道德的好人；第三类叫"君子"（又叫"贤人"），即德才兼备的人；第四类叫"圣人"，即用大德大才管理国家，并能给百姓带来福祉的人。可见，"君子"就是德才兼备的人。

孟子说"人皆可以为尧舜"，是说我们每一个人都有可能让自己成为德才兼备的"君子"或者"圣人"。要做到这一点，一个重要的途径是多读书、读好书。

明末清初著名理学家、教育家朱柏庐在他的《朱子治家格言》中要求他的后人："子孙虽愚，经书不可不读。"为什么他要求自己的后人一定要读经书（即四书五经）？因为四书五经是祖先留给我们的不可或缺的精神食粮。只有精神富有，才能知道人生奋斗的方向在哪里；只有人品优秀，才能放大格局，担当起振兴民族大业的重大使命；只有博学广识，才能做成一两件像样的事情。历史上所有成功人士的经验告诉我们，读好经书，就是成就我们人生梦想的重要途径。

历史典籍浩如烟海，我们不可能逐一阅读，只能选取那些最有智慧和养分的经典来读。而国学经典就是最有智慧和养分的书籍，因此就是我们必读的书籍。

所谓经典，就是那些永远都不会过时的东西。满大街到处都是的不叫经典，只能称为当下的时尚。

在这里，本人根据青少年成长的需要以及自己学习的心得体会，建议青少年朋友在学好教科书的同时，一定要只争朝夕、由浅入深地读完下列国学经典书籍：

《弟子规》《三字经》《百家姓》《千字文》《曾文正公嘉言钞》《少年中国说》《钱氏家训》《朱子治家格言》《孝经》《论语》《孟子》《大学》《中庸》《孔子家语》《荀子·劝学》《道德经》《礼记》《诗经》《唐诗三百首》《宋词三百首》《忍经》

《止学》等。

读这些先哲圣贤的书，是接受至大、至中、至正的教育，是接受培养大智慧大人物的"精英教育""贵族教育"。

读圣贤书，就是为了接近圣贤；读天下文章，就是为了明白天下的道理。

特别是《论语》这本书，是真正的人生教科书。我们读了《论语》，再把它消化吃透，记在脑子里，按照大德圣贤的话去身体力行，同样也会做到孔子那样"十有五而志于学（孔子十五虚岁时便确立了要做像尧舜禹汤文武周公那样的圣贤的终生志向），三十而立（三十岁时确定了实现人生理想的事业基础），四十而不惑（四十岁时建立起了正确的人生价值观），五十而知天命（五十岁时做到了上对得起使命，下对得起社会，内对得起良心，生无愧疚），六十而耳顺（年届六十时能够完全理解和通达人性，处理好各种人际关系），七十而从心所欲，不逾矩（到了七十岁时，既实现了心灵的极大自由，又能自律、自觉地遵守各种规矩、规律，不犯大的原则性错误）。"虽然我们不一定都能像古圣先贤那样立德立言立功，名垂千古，但我们至少是一个生命的觉者，知道如何做一个君子。

《弟子规》是由清代秀才李毓秀根据孔子在《论语》中对弟子们的要求，细化、扩展而成的古圣先贤们做人的行为规范。一个孩子如果从小读这本书并逐条做好，就一定会成为一个有素质有教养的好孩子；如果父母读了这本书，也一定会为孩子做出榜样。虽然这本书中有些糟粕，但绝大部分内容是很好的，我们注意批判地吸收就可以了。

下面是被13所学校开除的少年胡斌学了《弟子规》后发生巨大变化的故事。

胡斌，来自甘肃兰州。由于父母经常吵架、家庭冷暴力，他从小就叛逆，难以管束。不好好学习、沉溺网络游戏、整天打打杀杀，甚至打骂父母，是他那个时候的常态。他上小学四年级的时候就曾闹着跳楼，搞得整个学校不得安宁。老师无奈地把他的座位安排在最后，只要不影响他人学习就行。结果他更放肆了，小小年纪就成了打架、抽烟、喝酒、逃课、欺负老师的小混混。升级换班主任的时候，新老班主任都不收留他。

妈妈没办法，只好把他送到姥姥家附近的学校上学。过去后他还是不好好听讲，又被开除了。他爸爸给他最后一次机会，让他去爷爷家附近的学校读书，结果还是被开除了。他基本上是一个学期换一所学校，创下了被13所学校开除的悲惨记录。

他辍学那年，刚满15岁。妈妈看他天天游荡怕出事，就求爷爷告奶奶到处托关系让他去卖报纸、当售票员。他白天旷工吃喝玩乐，晚上去看打打杀杀的电影，后来跟朋友结伙打架，结果差点闹出人命。

妈妈知道后就通过熟人安排他到几千里外的北京去学习。他一到北京就把学费挥霍一空。妈妈又安排他去酒店打工，他还是不服管束，经常在网上一玩就是一个通宵，一段时间下来，记忆力下降，视力严重衰退，皮肤莫名其妙地溃烂。医生说他的身体状况连60岁的老人都不如。

离开妈妈6年、已经身无分文的他从北京回到兰州家里找妈妈要钱。妈妈给了他一套《弟子规》讲座的光盘让他看，说："只要你能专注地看一个小时，我就给你钱。"结果他关上门一看就是三天三夜。《弟子规》中讲的做人的道理让他恍然大悟，原来人可以活得这样有尊严，这样幸福！从此他爱上了《弟子规》，他也开始变好了。

"浪子回头金不换"。胡斌从《弟子规》里找到了做人的方向，并按照《弟子规》里的教导去做，在家里孝敬父母，还自愿报名到敬老院里做义工。在敬老院，脏活累活他抢着干。那些爷爷奶奶都很喜欢他，夸他勤快，有的还要把亲孙女嫁给他。做义工没有收入，但是他干得心里快活，一天也没迟到过。他在为他人的服务中体会到了什么是真正的快乐，什么是尊严，什么是人生的价值。

由于他学了国学经典后变成了一个好孩子，大家都开始喜欢他，纷纷成全他。一个长辈出钱让他考驾照，然后又聘用他为自己开车，从此他自食其力了。

胡斌的父亲看到儿子的巨大变化，心灵受到极大震动，也通过学习《弟子规》反省了自己的不足，主动跟胡斌的妈妈重归于好，这个家庭又团圆了。

胡斌学习《弟子规》后，从一个社会上的问题少年变成了一个谦谦君子，消息传开，他被当作学习《弟子规》的模范，在全国各地举办的中华传统文化公益论坛上作报告，他学习《弟子规》的心得体会在社会上产生了巨大的影响。

台湾学者王财贵教授曾说："只要一个人把任何一本经典读一百遍，他必定能从经典中提升其为学的能力，必定能从经典中领悟其为人处世之道，必定能变化其气质，开阔其胸襟，启发其智慧，并且这一百遍经典必将影响其一生！"

第二节 "腹有诗书气自华"

"腹有诗书气自华"，出自宋代诗人苏轼《和董传留别》一诗。意思是说饱读诗书，你身上的气质才华早晚会显露出来。同样，那些精读了国学经典的人，身上也有一般人没有的睿智和浩然正气。

根据"国学神童"赖思佳的读经收获，她的父亲赖国全总结了青少年学习国学经典的十大好处：

好处一，提高和开发一个人的记忆能力。青少年时期是一个人记忆力最好的时期，大量熟读和背诵国学经典，能提升记忆力，同时也能积蓄最有能量的知识。

1997年2月出生的赖思佳，从5岁开始接触经典书籍，仅用一年左右的时间就把《论语》《大学》《中庸》《老子》《三字经》《百家姓》《千字文》《弟子规》《笠翁对韵》《朱子治家格言》《小学生必背古诗词70首》等十几部经典全部学完，而且绝大部分都能背诵下来。

好处二，提高认字能力。赖思佳从5岁开始学经典，不到一年就学会了5000多个汉字。

好处三，提高阅读能力，增进读书兴趣。赖思佳在很小的年纪就嗜书如命，学习了很多文学故事，而且能够把这些故事津津有味地讲给别人听。

好处四，提高理解能力。对课堂上学的东西理解快，消化快，完成作业快。

好处五，提高语言表达能力。语言表达能力和作文能力比较强。2012年11月19日，15岁的赖思佳参加主持了中央电视台的"和谐家庭 美好生活"两岸四地家庭论坛，她在台上应对自如，被观众认为一点也不亚于与她搭档的两位成年电视主持人。

好处六，提高行为自控能力。自律能力明显提高，有助于学习专注力的提升，经得起外界的不良诱惑。

好处七，不断提升道德修养水平。经典中包含了古圣先贤的智慧，揭示了世界发展的客观规律，通过读经典可以汲取正能量，树立正确的"三观"和人生志向。

好处八，风趣幽默，出口成章。看到黄河之水浩浩荡荡，由远而近奔向大海，你会忍不住发出"黄河之水天上来，奔流到海不复回"的慨叹，而不是挤出一句"怎么这么多的黄水呀"！看到一个漂亮的女孩儿，你会用"回眸一笑百媚生"来赞美她，而不只是心拙口夯地形容她"长得真俊"！《阿Q正传》中的阿Q如果读过《诗经》，在向吴妈示爱时便会想到用"关关雎鸠，在河之洲。窈窕淑女，君子好逑"这样的浪漫诗句来表达爱意，而不是扑通一下跪在吴妈面前说出"我和你困觉，我和你困觉"这种粗鄙丑陋的话，把个吴妈窘得无地自容，自己也被赵太爷家的秀才儿子追得仓皇逃窜。

好处九，学会标准的普通话。赖思佳6岁半就为育心经典系列儿童读经教材配音，她那一口流利和标准的普通话，为经典教育的普及立了大功。

好处十，提升思维能力，形成大格局。赖思佳在8岁多的时候，看到2人修马路，就能联想到，要是小时候不做好人生规划，等长大了就会经常在脑袋里"挖马路"，就太麻烦了。一个人大格局的形成，一定是与那些充满智慧的书籍有关的，同时格局的大小又很大程度上决定着一个人人生的上限与下限。

总之，读国学经典就是增加我们青少年的精神钙质，国学经典是我们变壮变美变得心灵丰盈的精神食粮。我们应该及早读，老老实实地读，大量地读，快乐地读。

古人认为，一天不学经典心里空虚，两天不学经典光阴虚度，三天不学经典，心灵和容貌都开始变得丑陋。一个不爱阅读经典的学生，实际上就是一个潜在的差生。我国历史上的优秀人物，如古代的孔子、孟子、诸葛亮、王阳明，他们之所以有那么强大的能力，首先是因为饱读诗书。这些书不是一般的教科书，更不是那些误人子弟的乱七八糟的书，而是那些几千年来被证明非常有价值的"吹尽狂沙始到金"的书，即"国学经典"。

每读一本圣贤经典，都是与高人一次心灵上的有益交流。它能开发人的大智慧，培养人的大胸怀与大能力，能让一个人人格圆满，道德高尚，少走弯路，不吃大亏。

蔑视经典、远离经典的人又会怎样？会没有人生方向，没有梦想，没有使命感，没有动力，没有灵魂，不知道人为什么活着，当然也就体验不到人生真正的幸福；没有大智慧，是非不明，心胸狭隘，人生糊涂复糊涂，前途坎坷复坎坷，痛苦一生；容易成为对上不知感恩孝敬父母，对下不懂教育子女，对外不懂与人和谐相处的人；会成为不能立德立言立功，一生毫无建树，枉活一生的人。

很多人遭遇坎坷的主要原因之一，不是不聪明，不是没能力，而是因为读经典太少，智慧太少，遇到复杂的事情便茫然不知所措，甚至走上邪路。

第三节　十天读完一本好书

有一个人生定律叫"当下定律"，是说我们不能改变过去，也无法百分百预知未来，但可以控制此时此刻的自己。我们自己当下的心念，我们当下的所作所为，决定着未来。

所以，正确的心态应该是，不管将来的命运是好是坏，我们都不要去考虑太多，只要积极专注于调整好自己当前的思想、语言和行为，做好自己，做对自己，那么我们就会把命运牢牢把握在自己手中。

观察一下那些大名鼎鼎的成功人士，可以发现他们有一个共同点：都热爱读书。

教育心理学认为，0到6岁是人大脑发育的黄金期，7到12岁是白银期，往后就是铜期、铁期。人到了13岁会悟性大开，以前读过的书、留在脑子里的记忆，都会突然变成鲜活的智慧来指导我们的行动。读好书越多的人，智慧也就越多，越会为人处世，未来的人生也会越幸福；而读好书越少的人则恰恰相反，他们越发落入底层，人生越发坎坷，就连好运仿佛也离他们越来越远。

我们平时读的书，大致可分为三大类。一类是学校里必学的教科书，这些书教给我们生存的技能。另一类是人生必学的智慧类书籍，这些书助我们获得幸福的人生，比如前面提到的国学经典等。这两类书籍是我们人生的两个轮子，应该学好且不能偏废。还有第三类书籍是与我们的幸福无关紧要，甚至毒害我们心智、耗费我们生命的书籍，也是那些可以"屏勿视"的书籍。

前两类书籍，我们每年读多少本合适呢？请看看下面这组参考数字：

杭州一位叫米乐的小朋友，在6岁时已经读完了至少2000本绘本；

著名演员黄磊的女儿多多，在年仅5岁时年阅读超过100本书（含绘本书），识字量高达1500字，8岁能翻译英文小说，被人赞叹为"别人家的孩子"。

北京大学元培学院2017级新生赵兰昕在高考前就读完了课外书籍500多本。

新东方教育集团董事局主席俞敏洪，读北大的四年读完了500本书，平均每年120多本，每三天读完一本。俞敏洪说，这样像"吃书"一样的读书方式，奠定了他"人生和未来的关键"。

从以上统计看出，一个青少年如果好好规划，每年读完30本书不算困难。

因此，我建议每个青少年平均每10天读完1本好书，每年至少读完30本好书。从时间上考虑，假期和双休日可以多读一点。

英国哲学家弗朗西斯·培根说："图书馆就像圣殿一样，在那里保存和安放着古代圣贤的那些充满美德、没有欺骗和虚伪的圣物。"

阿根廷作家博尔赫斯曾说："如果有天堂，那应该是图书馆的模样。"

那么怎样才算是真正认真读完了一本好书呢？我的理解是——

首先要读完。要从头到尾读完，并大致知道书中说了哪些道理。

其次要吃透。对于书中那些开启智慧、催人奋进的名言嘉句，一定要理解其内涵，记在脑子里，融化在血液中。

对于一些极富人类智慧的书，读一遍是远远不够的，最好是在不同的人生阶段反复读。因为随着一个人阅历的不断增长，每读一遍都会有新的体悟。

再次要知行合一，活学活用。这样才能把知识变成活水源头，"化识为智"，"化识为能"。宋初宰相赵普"半部《论语》治天下"的故事，说明学以致用，才是读书的真正目的。

第四节 "他山之石，可以攻玉"

"他山之石，可以攻玉"这一成语，出自《诗经·小雅·鹤鸣》一篇，意思是：别的山上有坚硬的石头，可以拿过来琢磨自己的玉器。这里本人想说的是，我们可以借鉴别人行之有效的学习方法来提高自己的学习成绩。

本人收集了一些卓有成效的学习方法推荐给朋友们，以期对读者的学习带来帮助：

● 有效率地学习。有效率地学习不是坐在那里消磨时间，而是主动地充分利用有限的时间多动脑，多思考，强化刚刚学过的内容，把当天学过的新知识全部消化完毕，不留死角。

年轻科学家曹原只用了两年时间就把初中、高中的课程都学完了。他说："在学习中，重要的不是老师，也不是特别的教材与习题，而是自己愿意钻研的学习兴趣，以及善于钻研的自学能力。"

● 坚持课后复习。德国著名心理学家艾宾浩斯提出了"遗忘曲线"理论，他指出，人类大脑对新事物的遗忘是有规律的。他认为遗忘在学习完之后立即开始，最初的遗忘速度是最快的。如果学习了新知识不进行复习的话，人很快就忘得差不多了。有人做了这样一组实验，两组学生背同一篇课文，甲组学生在背完后不久就进行了一次复习，而乙组学生不复习。一天之后，甲组学生还能记得这篇课文的98%，而乙组学生只记得36%；一周之后，甲组学生还可以记得这篇课文的83%，而乙组学生只记得13%。因此，对于学过的新知识一定要趁热打铁，及时复习，加深理解，把所学知识巩固住。

● 学习中坚持"三做到"。一是课堂上全神贯注地听老师讲解新课内容，对于理解不了的内容要及时提问，及时消化，直至弄通为止；二是当天的课程要在当天全部消化，不留死角，做到举一反三，融会贯通；三是尽力预习第二天的新课程。

● 提高学习力。北大才女刘媛媛认为，一个人掌握了学习力就可以绝地反击，实现逆袭。她说的学习力包括：学习方法，学习习惯，应试能力，专注能力，情绪管理能力，记忆能力，自省能力，合作能力，语言能力，想象创造能力，等等。

● 学会利用时间。每天控制和规划好自己的时间，学习南宋诗人陆游的"待饭未来还读书"，以及古人的"三上之功"，即在枕上、马上、厕上，挤时间读书。

● 排除干扰因素。学习的时候关闭手机、电脑，远离可能造成干扰的所有因素，充分利用好每一分钟。

● 学以致用，知行合一。对于如何学习，孔子的教诲是："博学之，审问之，慎思之，明辨之，笃行之。"也就是说，学习要广泛涉猎，有针对性地提问请教，学会周全地思考，形成清晰的判断力，用学习得来的知识和思想指导实践。在这个过程中，要完成四转：转文成识，转识成慧，转慧成行，转行成效。

- 掌握"两个秘诀"。健康的秘诀在早上，成功的秘诀在晚上。爱因斯坦说："人的差异在于业余时间。"利用好业余时间能成就一个人的梦想。业余时间是青少年快速成长、超越别人的最大财富。所以一定要用好晚上这段时间。

13岁考上清华大学的安徽男孩盛一博曾说，他从来不敢懈怠，每天都是早上6点起床，晚上11点睡觉，除了吃饭，就是看书做题。

- 找到一个学伴。约定同时读一本经典，期间一起交流切磋，一起提问探究，互相影响，共同提高。这样比一个人闷头自学更高效。

- 学会收集、归纳资料。台湾著名学者、作家李敖先生积累资料的方法是剪集书报。他把刚刚买回的新书和报纸上面的重要内容用剪刀剪下来，再分门别类地粘贴归档存好备用。现在网络发达了，网上下载、归档、积累资料更为方便。

- 多问为什么。如果你想变聪明，那就对不懂的知识追问"为什么"，然后积极地去寻找答案。

- 养成随时刻录的习惯。准备一支笔，想起什么或听到什么疑难问题就记下来，待有时间时进行解决和整理。

- 重复读书。《塔木德》中有这样一句话："只要把一本书念100遍，你就有能力读懂世界上的任何一本书。"很多犹太孩子在12岁的时候，就已经把《旧约全书》读了100遍了。读书使得很多犹太人都成了大器。如果你也这样去读《论语》，你会变成什么样？不妨做个实验试试看。

- 做好读书笔记。从头至尾抄写一部国学经典书籍也是一个很好的学习方法。特别是对书中那些启迪心灵的箴言佳句边抄边理解，并背诵之，消化之，铭记之，笃行之。

- "不积跬步，无以至千里"。学会利用零碎的时间（0.5～1小时）读书。

我本人每次外出旅行时，都会带上一两本书，利用堵车、候机以及排队的那些零碎时间，见缝插针地读书，觉得真是读一点就赚一点。

一次乘飞机去国外，飞机升空后手机就不能看了，我就打开随身携带的书读起来。飞机上的大部分乘客因为无事可做，将时间白白地浪费掉了，而我却在 4 个小时的飞行中将一本 250 页的书读了一大半。

● 总结经验教训。96% 的高考状元并不赞成"题海战术"，但 99% 的高考状元手中都有一本自己整理的错题集，以便总结教训，"不被同一块石头绊倒"。

● 增加生活阅历。生活中的每一次经历都是增长知识的过程。建议每一个有心的青少年都多尝试，多历练，多动脑，多总结，不断丰富见识，为成功打好基础。

● 提升读书乐趣。你若是不把学习当成一种负担，而是把学习当成像"昆虫吃树叶"那样快乐的事情，那么你就已经干掉了 90% 的竞争者，而且很快也就会"破茧成蝶"了。

● "三人行必有我师焉"。抱着谦卑的态度以那些比自己优秀的人为榜样，把他们变为自己的良师益友，不要嫉妒他们，而应学习他们，超过他们。

第五节 "不经一番寒彻骨，怎得梅花扑鼻香"

这是出自唐代诗人黄檗禅师《上堂开示颂》中的两句，意思简单，但意味深长。

历史早已清楚地告诉我们：奋斗，能给自己带来不可思议的好运。那些功成名遂的人，毫无例外都是通过自己不懈的努力才达到了现在的高度。命运之神总是眷顾那些方向明确、意志坚定、积极进取又心态乐观的人。他们不停地努力，往往一个转身，好运就撞上来了。

青少年时代，我们一切的倾力付出，都是为了学知识，长本事，以后干大事。那些在艰难困苦中还能坚持自己的志向激流勇进的人，即使才学低一些，未必就不能金榜题名，成为国之大器。我国近代政治家曾国藩就是这样一个的例证。

曾国藩自小就按照中国圣贤的标准严格要求自己，但他却是个很笨的孩子，科举中最低等的秀才，他竟整整考了七次才考上。他说自己读书做事，反应速度都很慢。

但是，曾国藩取得的成就很大，他做到了立德、立功、立言三不朽。

笨有笨的好处。笨的第一个好处就是懂得付出超常的努力；第二个好处是做事踏实，不投机取巧，不走捷径，遇到问题会死磕，因此做事不留死角。

曾国藩超乎常人的勤奋，加上他甘于吃苦和脚踏实地的精神，为他后来的人生之路打下了非常扎实的基础。他虽七次才考上秀才，但接下来考举人和进士都非常顺利。

曾国藩说过一句非常有名的话："天下之至拙，能胜天下之至巧。"想想看，像曾国藩这样笨拙的人都能通过努力赢得辉煌的前程，那么那些天资比他高的人，是不是更应该不成问题呢？

中国政法大学马克思主义学院的郭继承教授，对自己的评价就是智商并不突出。但他从读中学开始，就心无旁骛，一心向学。

一个冬日的下午，一位邻居来找他的母亲聊天唠家常。正在读书的郭继承为了避开干扰，便自己跑到村外，迎着凛冽的白毛风，踏着厚厚的积雪，边走边在寒冷的旷野里读书。这时一位村民恰好从他身旁走过，由于一时看不清他的面容，这位村民就凑到他跟前仔细辨认，直到看清楚这个风雪中读书的孩子是郭继承后才离开。当那个村民转身离开时，一边回头，一边感叹地说："你若是考不上大学，谁还能考上大学呢？！"果然，郭继承后来考上了大学，而且打破了他毕业的那所中学历史上大学生为零的记录。

郭继承教授从少年时期就懂得奋斗对人生的重要性，立下了"一定要考上大学"的誓愿，下定决心要自己掌控自己的命运。读中学的那几年，假如有10分钟的时间没有利用好，他都要责怪自己。他就是凭着这种拼劲，每天苦读不辍，硬是从高中第一年的班级倒数第几名，变成高考前的名列前茅，一举考取了全国重点大学，直至成了一位学贯中西的著名学者。

严格说来，这世上没有所谓的天才，每个人都不可能不劳而获。你所看到的每个光鲜人物，他们在背后都付出了巨大的努力。

不爱读书和爱读书的人，特别是爱读国学经典的人，隔一天看，没什么区别；隔一个月看，区别很小；隔五年十年看，他们之间的状态就有了巨大的差别。读书是润物细无声的过程，它会默默地帮你沉淀、积蓄能量，在你需要的时候，给你最强大的支撑。

"功不唐捐"这个词，是说没有一点努力会白费。在我们看不见想不到的时候，你用汗水播下的种子，早已生根发芽了，接下去就一定是开花结果！

第六节 "少年辛苦终身事，莫向光阴惰寸功"

2014年5月30日六一儿童节前夕，习近平主席在北京市海淀区民族小学的座谈会上，引用了唐代诗人杜荀鹤《题弟侄书堂》里的一句诗文："少年辛苦终身事，莫向光阴惰寸功。"习主席借此勉励少年朋友要有志气，要勤奋学习。

不管是小学时代，还是中学时代，抑或是大学时代，时间对于一个人的成长非常宝贵。而读书，可能是这个世界上你能抓住的为数不多的、能够提升自己人生高度的方式。

时间具有一去不复返的特性，你抓住了就是黄金，虚度了就是流水。当你掌控了时间，往往也就掌控了自己的命运。千万别在该奋斗的年纪里选择安逸，别在该学习的岁月里放弃读书。

如果你明白这个道理，多年后你会发现，那些苦读的岁月，只是你此生承受的最轻的苦。正如李大钊说过："谁对时间越吝啬，时间对谁越慷慨。要时间不辜负你，首先你要不辜负时间。抛弃时间的人，时间也就抛弃他。"

去问问那些年过半百的人，时间给他们留下了什么？他们一定会说，最珍贵的东西是时间，切勿浪费自己的时间，也切勿随便耽误别人的时间！

努力过好每一天，不是为了一定要超越谁，而是给自己一个交代。给自己交代的标志就是每天都有收获，每天都有成长。

司马光6岁时，就从父亲给他讲的很多名人刻苦学习的故事里懂得了学习的重要性。刚进私塾时，老师要求孩子们把每天学过的东西一字不漏地背下来，但往往别的孩子都背熟了，他还不会。为了能够背下来，他便加倍努力，利用零星时间书不离手地苦读，直到背得滚瓜烂熟为止。时间一久，他便养成了比别人多读几遍、边读边思考的好习惯。

有时候白天学习太累了，到晚上头一挨枕头就睡到天亮了。这样几天下来，司马光觉得好多时间都浪费在睡觉上，太可惜了。于是他想出一个好办法，即弄了一段实心的圆木来代替原来的软枕头。使用这个木枕头的好处是，等自己睡熟了以后，只要一翻身，头就可能会从枕头上滑下来，这样只要惊醒，就可以继续读书了。这个法子果然有效，他确实挤出了很多时间读书。

司马光就是这样千方百计地挤时间学习，夜以继日地苦学苦读，学业不断长进，最终成为宋代著名的政治家、史学家和文学家。"温公警枕"的故事也就这样流传下来。

在这里我想告诉少年朋友们有关学习的11个道理，以便澄清你的模糊认识：

1. 你是在为自己未来的发展而读书学习，不是为别人而学。
2. 青少年只有"制心一处"，努力拼搏，才能成功。
3. 课堂上一定要紧跟老师的思路专注听讲，这是取得好成绩的一条捷径。
4. 偶尔一次的成绩落后，不等于永远落后。你若奋起直追，定能实现逆袭。
5. 如果你的成绩不如别人，除了你上课没有专注听讲之外，是不是还与你缺少志向和不自律有关（即你的内动力不足）？
6. 自律的人，一定是胸怀大志的人。越是没人管的时候，他们越能自觉地管住自己。
7. 不管你上课是不是认真听讲，你的父母都在为你的学习和生活辛苦奔波。而他们对你"望子成龙"的期望，就是他们辛苦奔波的动力。
8. 有悟性的孩子总是能找到提高成绩的学习方法，掌握学习方法比偶尔考高分更重要。
9. 很多学生的成绩之所以会在初三这一年发生变化，其实正是初一初二这两年是否付出努力的体现！初中时成绩落在后头，其实都是小学欠下的账。因此，紧跟教学节奏不落后，一旦落后尽快追上来，是你保持不掉队的笨办法，也是最有效的办法。
10. 你现在不好好学习，将来社会一定会惩罚你。就像你春天不好好种庄稼，到冬天没有粮食会吃不饱饭是一个道理。
11. 学校要求学生德才兼备，是因为这个社会要求大家首先做一个好人，再做一个能人。所以，好的人品往往比高学历更重要。

著名企业家任正非曾说："你摸黑偷偷赶的路，都成了意外突然袭来时，你少受的苦。"

那些事事自觉主动的人，那些总是比别人快半拍的人，那些自警自律的人，都是有悟性有志向的人。每天唤醒他们的不是闹钟，而是萦绕在心中的那个梦想。他们不是让别人来管自己，而是自己管好自己。是"我要学"，不是"要我学"；是我要做出成绩，不是别人强迫我做出成绩。如果你已经明确了自己的大志向，又发定了大誓大愿，把分分秒秒都用在了汲取知识上面，那么我敢肯定地说，你，就是那个"孺子可教"的英俊少年！

说了这么多，在本节的最后，我想用《蚂蚁和知了》的寓言作为结尾——

明媚的阳光，大好的天气，蚂蚁们在树下忙着，把采集到的食物搬进洞里。一只知了睡完了午觉，又在树上懒洋洋地唱了起来："青山那个绿水哎，真好那个看……"

树下传来蚂蚁的声音："我说知了，我跟你说了多少次了，你要把眼光放长远点，你这样天天不知忧愁地除了唱歌就是睡懒觉，也不准备一点过冬的食物，一旦冬天来临，你可怎么办哪？！"

知了听后不屑地对蚂蚁说："我说'大力士'，你管这么多闲事累不累啊？看你们一天到晚忙忙碌碌的，有那个必要吗？我这叫'及时行乐'，你懂不懂？放心吧，不着急，到时候饿死也不会找你们的。"

又过了一些日子，气温骤降，刮起了无情的西北风。早已准备好食物的蚂蚁们躲进洞里，无忧无虑，天天过着有说有笑有吃有喝的生活。再看知了，几天便听不见它的声音了。蚂蚁向小鸟一打听，才得知原来是由于没有准备食物，又放不下架子向蚂蚁求助，这只知了在喝了几顿西北风之后，在前天夜里被饿死了。

第七节 养成使人优秀的17个好习惯

著名教育家乌申斯基曾说："如果你养成好的习惯，一辈子都享不尽它给你带来的利息；如果你养成了坏的习惯，一辈子都在偿还无尽的债务。"

好的习惯建立起来了，坏的习惯就会慢慢消失。一个人要尽早养成好的习惯，让自己变得更优秀。

请记住这个规律："21天可以建立一个好习惯，也能纠正一个坏习惯"。

下面给青少年朋友推荐最应该养成的17个好习惯。

1. 养成课前预习的习惯。

预习能够联系以前学过的知识，并从新知识当中发现问题，思考如何解决这个问题。带着自己理解不了的问题听老师讲课，注意力更集中，在认真聆听老师讲课的过程中解决问题。所以说，预习是一个非常重要的学习习惯。预习虽然有点难，但却是一个自己给自己当老师的过程，一个磨炼和提高自己解决问题能力的过程。

2. 养成课堂上心无旁骛、认真听讲的好习惯。

说到"心无旁骛"，请听一下共产党员陈望道的一段佳话！

那是1920年早春的一天，中国共产党建党前夕。一个小伙子在浙江义乌分水塘村一所简陋的柴屋内奋笔疾书。他的妈妈特地给他端来了一碟刚出锅的糯米粽子，外加一碗温补祛寒的红糖水，并提醒他说："你吃粽子，要加红糖水呃！"小伙子满口回应："知道的。"

过了一会儿，妈妈在屋外问他："你吃了吗？"小伙子说："吃了吃了！可甜了，可甜了。"又过了一会儿，妈妈进来收拾碗碟的时候惊愕地发现，埋头写书的儿子嘴巴上全是黑墨汁，而旁边的那碗红糖水却原封未动。原来，他一心只想着写书，错把墨水当成红糖水喝了。可是他却浑然不觉，还说"可甜了，可甜了"。

这个小伙子就是我党早期的共产党员、建国后一直担任复旦大学校长的陈望道，他当年30岁，正在浙江义乌的老家秘密翻译《共产党宣言》。正是由于他心无旁骛、废寝忘食的工作，加之他高超的英语和日语修养，第一本中文全文译本的《共产党宣言》得以问世。

"认真听讲一分钟，强过自学半天功"。如果我们在学习上也能像陈望道那样心无旁骛，专心致志，我们还有什么学不好呢？

3. 养成课后复习的习惯。

4. 养成搞懂每一个例题的习惯。

这是跟上老师的思路和课程的进度最简单的方法。

5. 养成建立"错题集",吃透"错题集","不被同一块石头绊倒"的习惯。

6. 养成勤动脑,勤动嘴,"每事问"的习惯。

有一次,孔子进入鲁国的太庙参加一个活动。太庙是古代帝王祭祀祖先的地方,里面陈列着许多文物古器。在这里,可以了解很多历史文化和典章制度。孔子进太庙后,非常认真地进行考察,对每一件不明白的事,都向别人请教。从庙里陈列的件件文物古器到举行仪式时伴奏的音乐,他都要找人问个明白。活动结束后,他还拉住别人的衣袖,继续问自己心中疑惑的问题。他这样做,曾被人看不起。有人这样说他:"谁说这个年轻人懂得礼呢?他跑到太庙里来什么事情都要问,好像什么都不懂。"孔子听了说:"不懂就问,这才是最应该做的啊!"

谦卑好学,不懂就问,就连孔子这样的大师都这样做,我们就更应该做了。

7. 养成每10天读完一本课外好书(首先必读国学经典)的习惯。

8. 养成"学习任务第一,其他事务第二"的习惯。

我邻居家有个读小学的小朋友很自觉,如果他没有完成老师布置的作业,他一定不会去玩耍。当有同学来找他出去玩的时候,他总是很有礼貌地拒绝同学的邀请。那种自觉,那种定力,真是让我佩服!

9. 养成"吾日三省吾身"的习惯。

青少年如何"三省吾身"?一省当天有没有不会做的作业,有就在睡觉前尽量搞明白,搞不明白就记下来第二天找老师问,一定要弄明白;二省当天有没有受到老师和家长批评的事情,如果有,自己错在哪里?今后如何做到"不贰过"?三省头脑中有没有不健康的邪思邪念冒出来,有没有有意或无意伤害到别人的行为,如果有,请自责!并对照古圣先贤的教导立即改正。

10. 养成"有所为,有所不为"的处理事情的习惯。

与自己学业、主业有关的事情就好好做,而且做到最好;与学业、主业无关的事情就先不做。对自己成长有益的事情就多去做,无益的就不要做。

11. 养成君子既"反求诸己",又善于"借助外援"的习惯。

12. 养成凡事顾忌后果,"三思而行"的习惯。

13. 养成自力更生,勤俭节约,杜绝浪费的习惯。

14. 养成每天运动,科学饮食,健康生活的习惯。

15. 养成自己的事情自己做,家里的事情帮助做,大家的事情抢着做的习惯。

16. 养成物品摆放有条理,用完东西放回原处的习惯。

摆放东西井井有条是一个人很大的优点,大家都会喜欢与这样的人相处。从哪里拿的东西,用完后再放回哪里;原来如何摆放的东西,用完后再如何摆放回去。

17. 养成有错马上认错,有过立即改过的习惯。

两个人同时犯了错,敢于承担的那一方就是诚实的人,会得到宽容;不愿意站出来承担的那一方,一定会很被动。"人非圣贤,孰能无过?"做了错事不要狡辩,"过能改,归于无,倘掩饰,增一辜。"自己认识到错误立即改正就好了。越狡辩越显得不诚实,改正错误的速度,其实就是你进步的速度。

古希腊哲学家亚里士多德说过一句名言:"每天反复做的事情造就了我们,然后你会发现,优秀不是一种行为,而是一种习惯。"所以,少年朋友要做好自己,首先要重视和养成上面这 17 个好习惯。

第八节 "制心一处,无事不办"

"制心一处,无事不办"这句话,出自佛家典籍《佛遗教经》。此话讲的就是专注。一个人有了定力,把心专注在一处,没有什么事情做不到!这个时代最缺少的不是天资聪颖,而是"制心一处"的专注。

浙江舟山市普陀山法雨寺佛教学校墙报上写有这样一则故事:

两个小僧与众僧友一起坐地修炼。忽儿来了一桃贩,乙僧与他僧起立观看,甲僧端坐不动。一会儿又来一枣贩,乙僧等又起立观看,如是者三。最后甲僧修成正果,乙僧等一事无成。

之后乙问甲，你在外界诱惑面前为什么能坐得住？甲回答说，我们本来都没有想在修炼时吃桃或枣等东西，它们来到面前时，我并没有觉得需要它们。我和你的差别只在于我在这些外界诱惑面前能够说"我不需要"。

清楚地告诉自己的内心，学会对外界的诱惑说"我不需要"。

荀子在《劝学篇》中说："锲而舍之，朽木不折；锲而不舍，金石可镂。"意思是如果刻几下就停下来了，即使是腐烂的木头也刻不断；如果不停地雕刻，那么即使是金属和石头这样坚硬的东西，也能雕刻好。他举例说："蚯蚓没有锐利的爪子和牙齿，没有强健的筋骨，却能向上吃到泥土，向下喝到泉水，这是由于它用心专一啊！螃蟹有六条腿，两个蟹钳，但是不在蛇和黄鳝的洞穴寄居，它就无处藏身，为什么？这是因为它用心浮躁啊！"

"制心一处，无事不办"这句话，是无数成功者实践证明行之有效的一条经验。它要求我们在做事情的时候要"用心一也"，不能分散精力，不能乱用心机，不能"同时追两只兔子"。只有专心致志地做一件事，"泰山崩于前而色不变，麋鹿兴于左而目不瞬"，才有成功的希望。

曾国藩曾说，读书做学问第一要有志向，第二要有见识，第三要有恒心。（《曾国藩家书》）有志向才能不断提升自己，有见识才能不骄傲自满，有恒心才能"不忘初心，方得始终"。这三者缺一不可。

学习就像挖井，没有挖出水就放弃，再不断去其他地方尝试，哪里比得上专心只挖一口井，直到挖出水来，让它永不枯竭更好呢？

有一个道理我们必须明白，即"关注就会产生兴趣，产生兴趣就会学到东西"。关注别人的优点，就会学到别人的优点；关注别人的缺点，就会学到别人的缺点。关注学习以外的乱七八糟的东西，就会学得乱七八糟。这就是为什么孔子要我们"非礼勿视，非礼勿听，非礼勿言，非礼勿动"的道理。所以，凡是有智慧的少年，都应该多去关注正能量的东西，警惕和远离那些耽误自己梦想的东西。

精力花在哪里，成绩就出在哪里。那些与你目前的主要任务、宏图大志没有关系的明星绯闻、张长李短，甚至拜金、媚外、娘炮之类的网络垃圾信息，就坚决地给它来个"勿视、勿听、勿言、勿动"吧。

据说西汉思想家、政治家董仲舒立志刻苦读书，三年不出家门，连自家花园也没去看过。西汉还有一位政治家叫倪宽,他在田里耕耘时还携带着经书。他们的目的只有一个,就是一心想着"好好读书,立志成才"。

"锥刺股"的典故很多人都听说过,讲的是战国时期苏秦下苦功读书的故事。这个故事,让他成了读书人心中"对自己狠一点"的典范,他是我国历史上唯一的"身挂六国相印"的人。

战国时期,苏秦曾十次上书游说秦王都不成功。他身上所带的百两黄金也用光了,生活窘迫,只好回家。

他回到家的时候,妻子不出门迎接,嫂子不给他做饭,父母不跟他说话。苏秦长叹一声说道:"落到这步田地,是因为我苏秦所学的功夫不到家啊!"

于是他狠下心在家夜以继日地攻读姜太公的兵书《阴符》,刻苦探求书中的真谛。当读书疲倦打瞌睡时,他就拿锥子毫不犹豫地刺进自己的大腿,鲜血都流到了脚上他也不管,只顾继续苦读。经过这样一年的刻苦钻研,他认为自己可以重出江湖去施展才华游说君王了。

他先去赵国游说赵王。赵王听了他的治国谋略后,觉得他很有才华,封他为武安君,并授予他相印和车马财物,让他缔结"合纵"联盟,离间"连横"势力,来抑制强大的秦国。后来,苏秦成功游说六国合纵,身佩六国相印,让天下平安无事了好多年。

人与人之间存在差异的原因其实很简单:你在心猿意马,人家在专注听讲;你在敷衍师长,人家在刻苦钻研;你在随心所欲,人家在严格自律;你在赖床,人家在锻炼;你空闲时间无事做,人家空闲时间在读书。

优秀不是凭空而来,落后也不是天生如此。制心一处,铢积寸累,勠力前行,你便会得到自己想要的结果。

第九节 "戒生定,定生慧"

"戒生定,定生慧",这是佛家修心之语。原是指遵循戒律,就能专心致志,摒除杂念,实现禅定;而禅定就能远离私欲和烦恼,获得真智慧。

一个人想做成某件事情,一定要沉下心来,目标专一,不断精进。文艺复兴时期法国作家蒙田说："没有一定的目标，智慧就会丧失；哪儿都是目标，哪儿就都没有目标。"

人生的每个时期有每个时期的主要任务：少年时期的主要任务是立志、读书、德才双修，全面发展，考上大学；青年时期的主要任务是就业、择偶、成家、教子、创业、拓展人生；壮年时期的主要任务是立德立功立言，收获梦想，造福社会；老年时期的主要任务是发挥余热，为人榜样，颐养天年。

只有明白这些，做好当下最该做的事情，我们才能收获幸福的生活。

我们要想读好书，首先需要明白"戒生定，定生慧"的道理。如果一个学生不能自觉地戒除一些不必要的干扰，就不能一心一意地读好书，甚至不能顺利完成小学、中学和大学阶段的学习任务，更不要提为社会服务，实现梦想了。

在众多的干扰因素中，早恋是一个少年朋友应该认真对待的问题。

女孩子在 11～13 岁，男孩子在 12～14 岁，会进入青春期。进入青春期的青少年会对异性产生好奇和爱慕，即所谓的"初恋"。虽说这是人类情感正常的发展现象，它标志着一个人开始成熟起来，是一种非常圣洁、美好的精神活动，但是青少年这个时期的主要任务仍然是学习，不应该在该动脑子的时候动感情。

那么怎样处理这个问题呢？答案是，应该把精力放在学习上，一切的情感问题都要等到高中毕业或者考上大学后再处理。如果不自律，缺少定力，该戒的不戒，该做的事不做，任凭感情的洪水自由泛滥，那么就会把你的学业毁掉，把你的人生梦想毁掉，到头来吃亏受苦的一定是你自己。

早恋的害处有很多，我们不妨先在这里总结一下：

首先是影响学业，导致学习成绩下降，甚至可能让你名落孙山。

想想看，别人都在用 100% 的时间学习，不断地夯实自己的基础，或者紧张地向着高考冲刺，你却在那里想着约会，你的学业能不受影响吗？

2019 年 6 月 30 日晚上 8 点左右，我饭后散步到杭州市京杭大运河的一座桥下，突然听见前方传来一阵"啊——啊——"的令人恐怖的声音。循着声音看过去，发现路边的草丛里躺着一个人，他背着双肩包，戴着一副眼镜，一边在地上打滚一边发出绝望的哭声。当时怕出人命，我便上前询问。

这是一个十八九岁学生模样的男孩子，在我询问劝慰了半天后，他才吞吞吐吐地告诉我，他失恋了！他一边有一搭无一搭地回应着我，一边还在用手机不断发着微信。我估计是发给他的女友吧。但他接连发了10多次，对方根本没有回复一次，于是他哭得就更加悲伤了。看到劝慰没用，我又担心或出不测，只好委托路过的一位好心大哥拨打了110。警察来后，把这个少年带回了派出所。

虽然我对这个男孩子去派出所后的情况不得而知，但是可以推定，这是一个高考落榜又遭遇失恋的高中毕业生。高考不如意，他的女友又离他而去，双重打击，才让他如此痛苦。

也许事情的来龙去脉是这样：早恋，导致了他不能"制心一处"备战高考；不能"制心一处"，致使他高考名落孙山；名落孙山导致了女友离去，鸡飞蛋打。这真是失之毫厘，谬以千里，一步走错，步步皆错啊！

假如他考上大学或许就不会如此痛苦了，假如女友没有离他而去他或许也不会如此痛苦，因为他至少还抓住了另一根稻草！

那么我们分析一下他的女友为何离他而去？不外乎如下原因：第一种可能是这个女孩儿自己考上了大学，两个人的差距突然拉大，她觉得男孩儿配不上自己，不要他了；第二种可能是女孩儿也没考上大学，但她希望男孩儿考上大学的期望破灭了，她觉得男孩儿是个"窝囊废"，在男孩儿身上看不到希望，彻底跟他断交了；第三种可能就是，女孩儿的家人出面阻止了。试想，一个男孩儿早早地走上社会，既无高学历，又无真专长，无房无车无存款，你想，谁愿意将自己的宝贝女儿嫁给他呢？

现实就是这样残酷，你若敷衍生活，生活就会敷衍你；你若拼尽全力，生活就来回报你。"戒生定，定生慧"，不能处理好早恋这个问题的人，到头来收获的只能是一地鸡毛。

其次是由于少年感情纯真，阅历浅薄，根本没有驾驭爱情的能力和资本，只凭感情用事。一旦失恋，精神受到刺激，可能会罹患精神疾病。这些话绝不是危言耸听！我在生活中已经见过七八个这样的病人了。

我好友的弟弟刘生，1.93米的个头，长得白白净净，一表人才，但是神情呆滞。读高二这年他17岁，正是情窦初开的年龄。当时他暗恋上了同班一位女生,恋得茶饭不思,如醉如痴。这一天他鼓起勇气给这位女生写了一封言辞恳切的情书,然后在课间将情书塞进了女孩儿的书包。不料女孩儿看完后将这封情书送到了老师那里,让老师出面帮她教训刘生的这种"无耻行为"。

这个刘生,在与老师面谈后,精神受到极大的刺激,因行为反常住进了精神病院。

假如一个初中生或高中生恋爱的同时既不影响考大学,又把恋爱谈得很成功,那谁还苦口婆心地阻拦你呢?

世界上的事情往往就是这样,"鱼与熊掌,不可得兼"。你要抓住某些东西,就必须舍弃某些东西;你要关注某些事情,就必须忽略某些事情。人不可能同时抓住两只兔子,高考和恋爱谁先谁后,谁轻谁重,就看你是否清醒,如何选择了。

话又说回来,假如你确实遇到了一个让你喜欢得不得了的人,一想起来便神情亢奋,如醉如痴,觉得普天之下只有这个人才让你满意,你担心不向她/他表明心迹就会错过机会将来后悔,那么怎么办?倘若果真如此,我给你一个"锦囊妙计":你可以用手机或某种方式给她/他发个短信试探一下,假如对方对你根本没那个想法,你就立马打住,不要再自作多情了;假如对方也正好有那个意思,你们就认清现实,理智从事,双双约定克制住自己的感情,待考上大学各自拿到第一块"人生通行证"后再谈不迟。这也是最周全、最恰当的做法。说不定经过高考这个分水岭,一个一飞冲天,一个仓皇落地,从此就分道扬镳,"两茫茫,不相望"了。

在初中和高中这两个需要拼搏的关键阶段,要守住鸿鹄之志,放下儿女情长,等有了资本后再回头处理这件事,这才是真正的人生智慧。"小不忍则乱大谋"啊!

好女何患无好夫?好男何患无好妻?你所喜欢的那个人,其实不是一个人,而是一类人。既然是一类人,就不止是一个人。每个人在自己的人生长河中至少会遇到15至20个令自己满意,可以结为伴侣的异性。人生的路长着呢,好的风景都在后头!沉住气,不着急。

你之所以觉得眼前的那个他/她完美无缺,生怕"过了这村儿没这店儿",只能说明你是个"井中之蛙",没有见过多少世面罢了。

第十节　青少年学习与立志箴言（一）

- 奇迹＝梦想＋德行＋学识＋轨迹＋勇气。
- 尽多少本分，就得多少本事。
- 每一个不曾起舞的日子，都是对生命的辜负。（尼采）
- 有志向的人，不是让别人来管自己，而是自己管自己。是"我要学"，不是"要我学"。
- 一个今天胜过两个明天。（柏拉图）
- 当没有人逼迫你的时候，请你自己逼迫自己，因为真正的改变源于自己想改变。
- 重要的不是别人有没有爱我们，而是我们值不值得被别人爱，我们的"自我建设"做得如何。
- 对失败多一些耐心，才能赢得最后的成功。
- 把该做的事情往前赶，把要做的事情做到最好。
- 用功读书，是为了今后对生活有更多的选择。
- 一个人总要为了梦想全力以赴地拼搏一次，才能了无遗憾。管他什么流言蜚语！
- 嫉妒心源于自己不优秀，谦恭地拜优秀者为师，能让自己变优秀。
- 只有奋斗的人生才是幸福的人生。
- 成功的唯一秘诀，是坚持到最后一分钟。（柏拉图）
- 咬定青山不放松，立根原在破岩中。千磨万击还坚劲，任尔东西南北风。（郑板桥《竹石》）
- 一个人掌握一门技艺，有时候会比有一个文凭要好。因为别人可以不承认你的文凭，但不可能不认可你的技艺。
- 从长远看，我们做事没有失败，只有暂时没成功。
- 梦想还是要有的，万一实现了呢？！（马云）
- 成功难吗？告诉你，成功的路上并不拥挤，因为坚持梦想的人并不多。
- 实现梦想的过程就是一场自己跟自己的较量。是自己应该勤奋还是懒惰，应该坚持还是退缩，应该志向高远还是胸无大志，应该执行还是拖延，应该利益他人还是为私而活，应该反求诸己还是怨天尤人等正反观念的较量。

- 失败在所难免，我们每个人都不例外。但只有经历一次次失败，我们才能从中学习，悟出门道，进而有所改进，取得成功。每一次的尝试都会让你离成功更近一步。

- 堕落的方式很多，总结起来，约有这两条：第一条是容易抛弃学生时代求知识的欲望；第二条是容易抛弃学生时代的理想的人生追求。（胡适）

- 立别人不敢立的志，吃别人不能吃的苦，忍别人不能忍的气，做别人不能做的事，就能收获别人不能收获的一切。

- 如果世界上真的有奇迹，那一定是努力的结果！

- 不管这个世界多么糟糕，你的世界一定要精彩；不管人心多么黑暗，你的内心一定要光明。我们的使命就是用光明召唤光明，用精彩谱写精彩。

- 这世上有没有救苦救难的观音菩萨？有人说有，有人说没有，不管有没有，如果你想做，你就是！

- 能吃苦的孩子都是有大志的孩子。将来的国家大任一定要交给这种孩子。

- 在等待的日子里，刻苦读书，谦卑做人，养得深根，日后才能枝叶茂盛。（星云大师）

- 一个人若是确定不了志向，一到关键时刻就会迷茫。

- 想做个聪明的追随者，就要守住第二，盯住第一。

- 不要声张，暗暗地去努力，等你厉害后，蹦出来把那些看不起你的人吓一大跳！

- 学习是累不坏人的，因为人脑可储存 5 亿本书的藏书量，这相当于世界上存书最多的美国国会图书馆（1000 万册）的信息量的 50 倍。我们可以放胆地使用自己的大脑。真正阻碍你学习的是你不当的情绪和错误的观念。

- 人不可能一口吃成个胖子，小草是一天天长大的，成绩是一步步提升的。只要你"在战略上藐视敌人，在战术上重视敌人"，不气馁，不放弃，将每次考试成绩 5 分、5 分地往上提升，最后便有望名列前茅。

- 耐心是一切聪明才智的基础。（柏拉图）

- 成功是优点的发挥，失败是缺点的积累。

- 一个人，如果你不狠狠地逼自己一把，你根本不知道自己有多优秀！

- 要使田地不荒芜，就要种上庄稼；要使自己不平庸，就要多读国学经典。
- 有父母陪伴当然好，如果没有父母陪伴，就让好书来陪伴自己。
- 念念不忘，必有回响。不忘初心，方得始终。
- 梦想和使命感要求你自己事事主动努力。你不主动努力，别人能奈你何！
- 从青少年时代起，倾力打造自己的十大素质：

①高尚的人格。②豁达的个性。③超强的学习力。④勇敢进击的精神。⑤吃苦耐劳的品格。⑥强大的抗挫折能力。⑦善于沟通的能力。⑧宏大的格局。⑨勇于担当的胸怀。⑩核心竞争力。

- "优秀"这件事，并不在于别人走你也走，而是在于别人停下来的时候你仍然在走。
- 千万不要小看自己，因为人有无限的可能。
- 暂时的领先，不等于永远领先；暂时的落后，也不是永远落后。一条路不通，还有很多其他的路可走。

第十一节 "人一能之，己百之"

要想比别人有成就，有什么秘诀吗？有！秘诀很简单，就是制心一处，然后比别人多付出十倍的努力！

《中庸》里面有段话说得很好："人一能之，己百之；人十能之，己千之。果能此道矣，虽愚必明，虽柔必强。"这段话的意思是：对于获取知识，别人一次就会了，没关系，我不气馁，我做一百次，我还是可以学会的；别人十次就会了，没关系，我做一千次，我还是可以学会的！一个人果真有这样的韧劲，即使愚笨也会变得智慧，即使柔弱也能变得刚强。

美国前国务卿赖斯的父亲对刚读书时的赖斯说，你是黑人，在美国你要出人头地，就要比别人多付出十倍的努力。赖斯按照父亲的指教一路努力地进了白宫。

早在2000多年以前，我国著名的思想家荀子就在《劝学篇》中说了这样一段极富哲理的话:"骐骥一跃,不能十步;驽马十驾,功在不舍。"这段话的意思是,骏马的一跃,不足十步远;而劣马坚持缓缓走十天,也能走很远,它的成功就在于不停地走。

我国战国时代有个叫宁越的,是中牟郊野的人。他腻烦了农村种田谋生的单调和辛苦,问他的朋友:"怎样做才能免掉这种劳苦呢?"他的朋友告诉他:"最好的办法就是读书了。读书三十年,就可以成功了。"宁越说:"让我试着用十五年来完成吧。别人休息时,我不休息,别人睡觉时,我不去睡。"后来,他苦读十五年,成了周威公的老师。

我们再来看看古代朱熹是怎样要求本家子弟珍惜时光刻苦读书的:

起居坐立,务必端庄,不可倾斜倚靠、形容不正、精神懈怠;进门走路,务必要稳重,不可轻浮,以防损害德行;要求自己务必谦虚,对待别人和蔼恭敬;凡事谨慎严肃,不要随便进出;少说闲话,唯恐浪费时间;不看杂书,唯恐分散精力;一早一晚要反复检查自己的学业;每到十天左右,要将学过的知识测验一遍,看有无记忆不深或理解不透的地方;回到家里或节假日时,也不要把学习之事扔在脑后,让心里荒芜。记住"勤""谨"二字,遵循它往前走,就会受益无穷。

"劣"字是由"少"和"力"组成,表示有些人之所以差人一等,就是因为比别人少出了力啊!所以说,今日的失败,都是由于过去不努力;今日的努力,必定带来将来的成功。如果一个人有了刻苦学习的欲望,再插上"梦想"和"毅力"这两个翅膀,怎么能不比别人飞得高,飞得远呢?

中国著名女钢琴家朱晓玫说:"你是不是把精力全都用在了自己所做的事情上,决定了你能不能成为天才。"此话说得太有道理了!

第十二节 "不鸣则已,一鸣惊人"

《史记·滑稽列传》中说有这样一只鸟:"此鸟不飞则已,一飞冲天;不鸣则已,一鸣惊人。"这种鸟的格局宏伟,志在四方,虽然它有时候也步履蹒跚,有时候也踽踽而行,但它向往广袤无垠的天地,根本不属于小小的笼子。

《庄子·逍遥游》中说,北海(渤海)有一条鱼,名字叫鲲。鲲非常巨大,不知道有几千里；鲲变成鸟，它的名字就叫鹏，鹏的背，不知道有几千里；奋起而飞，那展开的双翅就像天边的云。这只鸟，随着海上汹涌的波涛迁徙到南方的大海（南海）。鹏迁往南海的过程中，翅膀拍击水面达三千里，借旋风飞上九万里高空。这个鹏飞了六个月才飞到目的地。

鲲鹏能从北海飞向南海，必须具备几个条件：一是有一飞冲天的大志（目标）；二是有两个不寻常的翅膀（本事）；三是有飞驰的空间（环境）；四是有依托的风力（条件）。

在每一个青少年的圈子里，都存在着这样一批胸怀鲲鹏之志的"不飞则已，一飞冲天；不鸣则已，一鸣惊人"的才俊，他们志向高远，头脑睿智，知道自己的人生目标是什么。这些人懂得想高飞必须有本事，而本事一定是从刻苦好学中来，从谦卑自律中来，从自觉修为中来，从不忘初心中来的道理。他们分分秒秒都在拼命地博览群书，攫取知识，成就自己。他们期待自己一旦羽翼丰满，一旦具备天时地利人和的机缘，便"一鸣惊人，一飞冲天"，谁都拦不住。他们的骨子里根本就不是那种胸无大志、鼠目寸光的"燕雀"之辈。

俗话说，"你若盛开，蝴蝶自来；你若精彩，天自安排！"人生就应该是一个不断精进的过程。当我们变得足够优秀，足够强大，足够丰盈，我们自然会赢得属于自己的那片天空。因此，专注自身，努力成长，把自己变成那只"独一无二"的鲲鹏，是我们每个有志青少年应该做到的。

2018年夏天，有个家境贫寒的女孩王心仪，以高分考入了世界一流学府——北京大学，我们来看看她凭的是什么？

王心仪2000年出生在河北省枣强县枣强镇新村。这个县是河北省的贫困县，人均收入极低。王心仪有两个弟弟，一家人仅靠着两亩贫瘠的土地和父亲打工微薄的收入勉强维持生活。

哪个女孩儿不喜欢穿漂亮衣服？但是这对王心仪来说十分奢侈。她穿的几乎所有衣服，都是乡亲们东一家西一家送给她们姐弟的。12岁那年，一个男生很过分地嘲笑她身上的衣服"土得掉渣"，她委屈得回家哭了一场。

好钢一定要经受淬炼。农忙的时候，王心仪看到大人将种子埋在土里后还要在上面重重地踩上一脚，她很困惑。妈妈就告诉她，种子在破土之前遇到坚实的土壤，才能把根扎得更深，小苗才会茁壮成长。土太松反而使苗长不出来。

她听完后牢牢地记住了这个道理,并举一反三地用在了自己的成长中,一旦遇到阻碍与坎坷,就将其看作是上天有意在出难题磨炼自己。

从小学开始,王心仪就懂得孝敬父母,主动帮爸爸妈妈割草、放羊、喂鸡、采摘棉花,春耕时还像男孩子一样帮妈妈下田犁地,分担家庭重担。

贫困的家境让她自小与玩具、零食、游戏以及电脑、图书馆、好衣服无缘,同时也让她最大限度地接受着美丽大自然的恩赐。她在田间尽情地欣赏各种野花、蝴蝶,毫无恐惧地捉虫子、嬉水,跟弟弟一起摘桑葚,每天到鸡圈里捡拾鸡蛋。这些城市里的孩子无法经历的事情,她都经历了,这让她的心灵得到了极大的充实和满足。

"幸福感不仅仅来自生活的完美,也来自一个人能够忽略那些不完美,并尽力拥抱自己所看到的美好与阳光。"这是王心仪对生活的感悟。

读初中时,为了省下住校费和伙食费,几年间她都是和弟弟靠着一辆破自行车往返很远的路上学下学,寒来暑往始终如此。

尽管家境贫困,但她丝毫没有耽误学习。她1岁多开始背唐诗,会背很多唐诗。她比别人早一年上小学,小学、初中、高中期间,在班里成绩都是名列前茅,各种奖状、证书贴满了家里的墙壁。

王心仪高中时期做了三年班长。据说,每一个和她同桌过的同学成绩都会提高,因为她乐于帮助别人解决问题。同学们谁有解决不了的问题,她都会耐心解答。

在她读书、成长这条路上,她那个正能量十足的母亲总是坚定地告诉她:"知识能够改变命运!家庭富裕并不代表心灵高贵,家庭贫穷也不代表精神贫瘠。好好努力,将来有能力了一定要多帮助那些需要帮助的人,回报国家和社会。"妈妈这些朴实的话语,早已深深地植根在她的心中,成了伴她一路向前的动力。

天道酬勤,2018年高考,王心仪考出了707分的好成绩,走进了中国最高学府北大。

她的班主任这样评价她:"她乐观开朗,视野开阔,格局很大,绝对不是传统意义上只知道学习的学生。"的确,她爱好画画、唱歌、演讲,平时关注时事政治,经常阅读外文书籍。她跟别的同学有点不同,她有很强的自律能力和学习力。

"只要站起比跌倒多一次，我们便没有辜负这段青春、这段韶光！"这是王心仪在"枣强中学2018年高考百日冲刺誓师大会"上演讲中的一段话。

《哈利·波特》中有句话说得好："重要的不是我们生下来怎样，而是我们将来会变成怎样。"

王心仪的少年生活无疑是贫瘠的，单调的。但这些不利的因素在她的眼里和心里都变成了财富，只有阳光，没有哀怨。

从她的成长足迹中我们看到，成功的人往往都具备自律、自愈、自燃这三种能力。

自律能力表现在能掌控每天的时间、克制不良行为和不良欲望，能够管理好自己的学习生活。

自愈能力表现在随时随地治愈自己的心灵创伤，不怨天尤人，不自暴自弃。

自燃能力表现在自己有一颗强大的内心。而这颗内心之所以强大，之所以像太阳那样持续不断地燃烧，是因为总是想着让他人受益。而让他人受益的人到头来自己都受了益。

幸福的人生，可能感觉都是一样的，但是到达幸福的路径却大不相同。无论是直达彼岸，还是迂回前行，我们都应该放飞自己。不是有人说了嘛，"如果你不逼自己一把，你根本不知道自己有多优秀！"

第十三节 "百分之一的希望，百分之百的努力"

叔本华认为："在这世上，我们只有挺着剑才能获得成功。面对命运的挫折，我们绝对不能畏惧，不能怨天尤人，因为更多时候毁灭我们的是畏惧和怨天尤人本身。就算是一件有危险的事情，只要它的结局仍然悬而未决，只要成功存在百分之一的可能，我们就应该努力抗争。即使抗争失败，我们还能收获勇敢。"

好多事情没有做成功，不是没有成功的可能，而是我们轻易放弃了。

2009年，在央视访谈节目《小崔说事》的一期中，崔永元采访了国际著名华人歌唱家蔡大生。我们由此知道了他的人生经历。

蔡大生1987年毕业于上海音乐学院声乐系，1988年赴瑞典参加国际歌剧歌唱家大师班角逐，并荣获瑞典最高艺术基金奖留学该国。他凭着自己的拼搏和实力，成为瑞典大剧院、挪威国家歌剧院、哥德堡歌剧院终身歌唱艺术家。他一生成就非凡，也有着一颗火热的爱国之心。

1988年，蔡大生30岁时，怀揣着仅有的200美元和一本《英语900句》参加瑞典歌剧院的音乐考试，经历了常人难以想象的艰辛。

"打工赚点生活费之后，算算离考试还有多少天，我就躲到一个小酒店里，计划着这几天怎么过。吃的东西只有冷水和面包，一天一顿，多了吃不起。而且为了参加考试，每天要唱四种语言的12首咏叹调，还要付出很大的体力，保持很好的精神状态。熬到快要考试的时候，我没有钱了，就把随身带去的两个杭州织锦缎坐垫送给钢琴伴奏师。因为考试时，钢琴伴奏的收费是一个小时200美元。我把这两个坐垫送给他，他很喜欢，说伴奏就不要我的钱了。

"考试时所有的人都穿着燕尾服、晚礼服上去，只有我穿一双回力鞋和一套运动服，所有人都很惊讶，怎么上来这么一个人？我就这样站在那里唱。因为饿，手抖个不停，唱完第一首咏叹调，肚子就开始咕噜噜地响。音乐厅里特别安静，肚子里的声音就传下去了，让下面的评委很纳闷，我的钢琴伴奏师就站起来帮我解释。这时有一个满头白发的瑞典老教授，请工作人员给我买了一杯热巧克力，还有饼干。吃了以后肚子还在叫，他又叫人送了一份。我记得自己当时演唱的咏叹调叫《偷洒一滴泪》，这个时候我的眼泪就不停地往下流，控制不住地流。一首一首唱完，台下突然有了掌声，要知道，考试是不允许鼓掌的。"

蔡大生在瑞典等待结果的日子是最难熬的。"因为我一分钱也没有了，我就到中餐馆，希望他们给我一个洗碗的机会，但是没有劳动许可证人家不让我打工。最后没有办法，我就到了警察局，我说我想吃饭。他们问那你来这里干嘛？我说我来参加一个考试，就把邀请信给他们看，然后警察把我带到休息室。一个警察跑去买外卖的中餐，那是一个叫竹笋炒牛肉的大盒饭，是我这辈子吃的最好吃的一顿饭。吃完了我给他们唱《我的太阳》，他们听完之后都鼓掌，还让我唱。我说再来一盒，警察就又买了一盒，我又唱。"

那段等待的时间，蔡大生天天跑到警察局吃饭，天天给警察唱歌。"他们给我买好饭，我唱完歌就走，所以我在瑞典有一批特别好的警察朋友。记得我在第一次演《艺术家生涯》的时候,警察局的朋友们都来了,他们给我送了一捧花,还有一张卡片,上面写着:'我们保护了一位伟大的歌唱家!'这张卡片我一直珍藏着。"

撑过那段时间,结果出来了,蔡大生在考试中荣获第一名,11位评委全部给他打了最高分。

蔡大生说:"只要有百分之一的希望,就付出百分之百的努力,相信一定会成功的。"这是世界著名音乐家蔡大生的励志名言,也是他成功的秘诀。

第十四节 "水滴石穿,是坚持的力量"

2019年上半年,广西一位74岁的徐秀珍奶奶成了网红,她老当益壮,学会了11门外语,还当上了导游。

徐秀珍奶奶生活在"桂林山水甲天下,阳朔山水甲桂林"的旅游胜地阳朔县,只读到小学四年级就辍学的她,再也没有机会读书。起初她在家守着几亩地以种菜为生,53岁那年,当地旅游业越来越红火,她就抱着"卖矿泉水给游客赚点钱,不要成为儿子的负担"的想法,开始在旅游景区卖水。

在阳朔旅游景区卖水少不了与外国人打交道,最初她只是用一句英语"hello"做"敲门砖"与外国游客交流,当她再进一步用英文夹杂着汉语问外国游客"hello,要水吗"时,外国游客就听不懂了。她就去请教别人"水"的英语怎么说,并牢牢地记在脑海里,以后每次向客人推销水的时候,她除了流利地说"water"外,还加上了自己的肢体动作。

做她这一行懂外语和不懂外语收入差别巨大。为了更好地和外国游客沟通,也为了多卖一些东西给外国游客,徐奶奶把学习外语当成了一项最重要的任务,一天学不到新东西就像丢失了什么似的。

有一次,徐奶奶带一个意大利游客到附近的景区"聚龙潭"游览,来回1小时就赚了50元。这件事让徐奶奶从中受到启发:不能只学英语,应当多学几种其他国家的语言,这样服务的外国人会更多。

可是,就凭她小学四年级的文化基础,又没老师教,怎么办呢?人就是这样，只要有了明确的志向，什么困难都难不住！为了学习其他外语，徐奶奶用上了最笨的也是最有效的土方法——细心记下别人口中说出的每一个单词，再靠死记硬背记牢。为了加深记忆，她就用中文语音标注在旁边辅助学习。白天记，晚上记，天天记。她就这样怀着一个梦想，凭着一股韧劲，日复一日，年复一年，硬是学会了包括英语、法语、德语、日语、意大利语、以色列语、西班牙语等11国旅游会话用语，大大地方便了与外国游客的交流。

在学习外语的21年里，1万多个小时的"咬定青山不放松"，1万多个小时的"不离不弃"，1万多个小时"水滴石穿"的坚持，最终让徐奶奶变成了一个"世界级大师"。

你佩服徐奶奶吗？凡是知道她事迹的人，没有一个不伸大拇指表示佩服的。但是我们不妨设想一下：如果她畏惧困难中途退缩了，现在会是什么样子？

当然，正是因为没有中途退缩，徐奶奶才成为了人们眼中的传奇人物。她现在不仅赚到了比别人更多的钱，而且还凭她的"外语能力"注册成为正式导游。

我在网上看到一篇帖子，里面有这样一段极富哲理的话："水滴石穿，不是水的力量，而是重复和坚持的力量！……坚持，再远的路，走着走着也就近了；再高的山，爬着爬着也就平了；再难的事，做着做着也就顺了；再疏远的人，交往交往也就亲了！"对照徐奶奶走过的成功路，这些话说得真是太有道理了。

无论学习什么知识，文化低不是借口，年龄大也不是托词，就看你是不是坚持如一。只要下了决心"一定要得到"，又不一曝十寒，那就一切皆有可能。因为成功的路上并不拥挤。

看看那些真正想成功的人，没有闹钟也能醒来，没人催促也能奋发。原来自己就是一切的根源，想改变主要靠自己！

曾国藩说，"人苟能自立志，则圣贤豪杰何事不可为？何必借助于人！若自己不立志，则虽日与尧舜禹汤同住，亦彼是彼，我自我矣。"意思是说，一个人如果能自己立志又能坚守志向，那么不是也可以达到圣贤的境界吗？何必还要借助别人提醒催促呢？若是自己没有志向，就是每天与尧舜禹汤这些先贤们住在一起，他们还是他们，你还是你啊！

著名主持人倪萍从52岁开始学习画画，几年工夫，她的一幅画竟拍出了

150万元的天价。

T台模特王德顺，44岁学英语，50岁开始健身，79岁登T台一夜爆红。

这些奇迹的诞生，除了因为他们都拥有自己的梦想外，不是坚持的结果，又是什么？

说到这里，我想起了网上的一句话："任何一个人，只要在一个领域内坚持十年，他都会成为那个领域的领军人物。"这句话是多么有道理！

故事的最后我还要告诉大家，年过74岁的徐奶奶，现在仍然坚持在阳朔边做导游边卖矿泉水，她不但上了电视，上了《环球时报》，还收获了一大批粉丝。她正是因为努力，才过上了原来不敢想象的既快乐又充实的生活。

我一直在想这样一个问题：徐奶奶是个老年人，她想做就做到了，我们这些脑子灵光的青少年们，是不是更不在话下呢！

第十五节 "行有不得，反求诸己"

"行有不得，反求诸己"这句话，出自《孟子·离娄上》。它的含义是：事情做不成功，遇到了挫折和困难，或者人际关系处得不好，就要自我反省，多从自己身上找原因，依靠自己的力量来解决问题，而不要迁怒于人，怨天尤人。

孔子也说："君子求诸己，小人求诸人。"意思是说，具有君子品行的人遇到问题都会先从自身找原因，严格要求自己；而小人则相反，他们总是怨天怨地，就是看不到自身的毛病。

世界上的所有事情，"我"是一切的根源，要想改变，首先要改变自我！因此《易经》中说"天行健，君子以自强不息"，弘扬的就是内求的文化。

与别人发生了矛盾，平心静气多想想，怎么能说这个事情就没有自己的错？即使是自己有理，那也应该多宽恕别人，不能得理不饶人。

"小人无错，君子常过"。那些缺乏修养的小人总是认为自己没有过错，甚至死要面子不肯认错。而君子则相反，总是大度地用高标准要求自己，反省自己的过错。所以他们看到自己的错处就多，有错就改，当然进步也快。

4000年前，是历史上的夏朝，当时的君王是赫赫有名的大禹。有一次，诸侯有扈氏起兵入侵，大禹派他的儿子伯启前去迎击，结果伯启战败，他部下的将领们很不甘心，一致要求再打一仗。伯启说："不必再战了。我的兵马、地盘都不小，结果还吃了败仗，可见这是我的德行比他差，教育部下的方法不如他的缘故。所以我得先检讨自己，努力改正自己的毛病才行。"从此，伯启发愤图强，每天天刚亮就起来工作，生活简朴，爱民如子，尊重有品德的人。这样经过了一年，有扈氏知道后，不但不敢前来侵犯，反而心甘情愿地降服归顺了。

没有人能让你烦恼，除非你拿别人的言行来烦自己；没有放不下的事情，除非你自己不愿意放下；没有学不会的知识，除非你怕吃苦想偷懒；没有人能决定你的命运，除非你放弃把握自己命运的权利。

人这一辈子，不管活成什么样，都不要把责任推给别人，一切喜怒哀乐都要想到是由自己造成的。你这样看待问题，这样处理问题，就离"内圣外王"不远了。

一只乌鸦往东飞，遇到鸽子，它们同时停在一棵树上休息。鸽子见乌鸦飞得很辛苦，关心地问："你要去哪里？"乌鸦愤愤地回答："其实我也不想离开，可是这个地方的居民都嫌弃我的叫声不好听。"鸽子好心地说："那就别费力了，如果你改变不了你的声音，飞到哪里都不会受欢迎的。"

这则寓言告诉我们：屡屡遭受挫折，问题多在自己身上。你改变不了环境，不如改变自己。我们与其抱怨社会，指责别人，怨恨父母，不如扪心自问：为什么会出现这种情况？我自己的问题是什么？我应该承担哪些责任？我必须改变哪些方面？这样做虽然有时候很痛苦，但是不会招致别人的怨恨，也能让自己飞快地成长。

第十六节 "君子务本，本立而道生"

孔子说："君子务本，本立而道生。"（《论语·学而》）这句话是说，君子专心致力于根本的事务，根本问题解决了，人生的大道自然就在脚下了。

"本"在哪里？孟子说："天下之本在国，国之本在家，家之本在身。"（《孟子》）我们人人自强了，家庭就兴旺了；家庭兴旺了，国家就强大了，中国人走到哪里就都能昂头挺胸、扬眉吐气了。所以，一切的改变都应先从每一个人自身做起。

很多人在幼年时曾经想改变世界，但到了青年的时候觉得不切实际，于是想改变身边的人。然而到了壮年，发觉改变身边的人也很难，于是就想改变自己的亲人。到最后会认识到改变谁都是不可能的，还是先改变自己比较实际。自己改变了亲人才会改变，亲人改变了，世界也就开始改变了。

想要改变周围的世界，很难；想要改变自己，则很容易。与其改变周围的环境，不如先改变自己。改变自己的看法和做法，让自己先强壮起来，我们才能改变客观世界。

驾驭自己，也就是驾驭世界的开始。一个人不能决定太阳几点升起，但是能决定自己几点起床。

改变自己从"本"开始，那么什么是青少年的"本"，务什么"本"？

第一是做好本分的事。学生的本分是学习，不负好时光，不负家人和老师的期望，学好功课，考上大学，扎扎实实完成大学理论知识的学习，才算是务到了根本上。就像树苗好好吸收养分，深深扎根，才能长成参天大树一样。如果偏离了这个目标，"本"就出偏差了。

第二是修养好自己的本心。务本就是务心，就是打理好自己的起心动念。周总理读书的动机不是为了个人享受，而是"为中华崛起而读书"。他的这个本心就决定了他的人生绚丽多彩，卓有成就。

第三是发现和找准自己的长项，开发自己独有的潜质。自己的长项在哪一方面？将来适合做什么？弄清楚了以后，就去攻读那个方面的专业，然后去就业，去深耕，把自己的天赋发掘、施展到极致，你就赢了。

"本立而道生"。明确了什么是自己的本，你的人生之路如何走也就清楚了。

一个人能坚持在完成一件事情之后及时反省自己正确与否，完美的就发扬，欠缺的就改进，想不优秀都难。

清代名臣曾国藩非常讲究"君子务本"，他每天必做的一件事就是每晚睡前写日记。他会把一天中所做的事，不分大小逐一记下来，然后按照君子的要求逐项反省，对比哪些行为是君子所为，哪些不是君子所为，哪些必须改正。他还经常把自己的点滴进步向师友汇报，求得指点，不断修正自己。这种好习惯一直保持到他离世为止。正是由于他这样对自己近乎苛刻的检点，才使他的人格不断完善，魅力大放异彩。

第十七节 "不奋斗，哪来的精彩人生"

一个人越奋斗，人生越轻松，越容易获得幸福。所以，人必须奋斗。

工作没有贵贱之分。无论你将来从事服务业也好，从事种植业也好，都不丢人，只是比起那些有能力从事复杂的发明创造工作的人来说，对社会的贡献小了一些。按照"多劳多得"的分配原则，你的贡献小，收入自然就低。

再说了，随着科技的飞速发展，将来各行各业都智能化了，如果没有一定的知识，很有可能会被淘汰。

诺贝尔文学奖得主莫言先生曾经这样总结读书的重要性："任何一个梦想都有可能因为读书而产生，而实现一个梦想也必须借助读书来实现。"所以，再努力一点吧，将来，你会感激一直努力的自己。

2019年12月，华为集团人力资源部门签约了一位博士生，给出的年薪是201万元，这位博士的名字叫左鹏飞。

左鹏飞1992年出生于湖北随州，华中科技大学武汉光电国家研究中心信息存储系统教育部重点实验室博士。选择华为，左鹏飞是因为自己的爱好和人生定位，不是单纯为了高薪，因为当时愿意签约左鹏飞的还有多家企业，其中一家企业给出的年薪达到了280万。

可见，能够对社会做出的贡献越大，自己得到的回报也越多。

这里说一说上大学这个问题。一个人为什么要上大学？第一是可以获得"大闹天宫"的"金箍棒"，即一个人纵横于某一领域的核心技能；第二是积累宝贵的人脉资源，即广泛结交未来同道上的事业伙伴；第三是不受限制地全方位提升自己。所以说，上不上大学，对一个人今后人生的影响，不可谓不大。

一位河南农民工在感悟人生时写下了这样一段话："不奋斗，哪来的精彩人生？不奋斗，你的脚步如何赶上父母老去的速度？不奋斗，世界那么大，你靠什么去看看？"这几句话像警钟一样振聋发聩！

读书苦不苦？读书不苦，不读书的人生才苦。虽然你到头来可能因为某种原因上不了大学，但是最初你千万不要放纵自己，中途你千万不要放弃目标。因为大家都在默不作声地一路向前飞奔，而且在飞奔的队伍中，那些比你优秀的人还比你努力。

读书对青少年成长的重要性，怎么形容都不过分。鉴于此，江西财大的吴辉教授给他的学生作出这样的告诫："趁年轻，认认真真跟好书来一次热恋。"

读完了小学读中学，读完了中学读大学。如果你的小学、中学基础坚实牢固，那么读大学应该是水到渠成的事。

1966年，陆步轩出生在陕西省长安县东部一个小村子里，家里几代都是耕田种地的，父母文化水平都不高。他小学时，母亲因为意外去世，让本身就贫穷的家庭处境更艰难了。

艰难到什么程度？据说从陆步轩从记事起，他们家每天就只吃两顿饭。早上玉米粥，中午玉米粥就面条，晚上不吃饭硬挨过去。初中时他住校，每周要回家拿一次干馒头，到学校泡稀饭或者就着白开水吃。有时候天气潮湿闷热馒头发霉或馊了，也只能吃下去。不这样怎么办？家里穷，总不能饿肚子吧？

残酷的生活现实让陆步轩感到，如果不奋斗，自己将来的生活就是现在父母的样子，而只有好好读书才是改变命运的唯一出路。按照当时的国家政策，只要考上大学，毕业后就可能有铁饭碗。所以他立志一定要上大学！

陆步轩19岁那年参加高考，并收到了西安师专的录取通知书。虽然他是当年他们学校里唯一考上大学的人，但他还是觉得不理想。于是他撕碎了入学通知书，决定复读一年！

一年后，他不负众望，以全县高考文科状元的成绩进入北京大学。

北大四年，是陆步轩"战斗"的四年，是他为了自己的幸福人生拼搏的四年。

陆步轩北大毕业的时候，正是我国掀起经济改革大潮的年代，想在商海里一试锋芒的陆步轩毅然决定"下海"，做起了猪肉生意！

做猪肉生意，陆步轩和别人不一样的地方，就在于"讲究信誉，服务至上"！他切肉时的刀功达到了什么地步？说切多少肉，一刀下去，上下不差一两。当时，中国的猪肉档口平均每日生猪销售量是1～2头，而陆步轩的档口平均销售量在 10～12 头！

陆步轩就凭着"讲究信誉，服务至上"这八个字，赢得了一片赞誉，他也很快买了车，买了房，早早奔了小康。

后来，陆步轩与同学在广州联合创办了屠夫学校，还完成了《猪肉营销学》和《陆步轩教你选购放心肉》两本书的编纂和出版。

如今，他的公司已有员工近万名，全国 20 多个主要城市有他的门店，连锁网店超过 2000 家，年销售额达到 18 亿元。仅 2019 年"双 11"活动，他的公司销售额就有 4 个亿。另外，截至 2019 年，陆步轩为母校北大捐款已达 9 亿元。

在这世界上有谁能真正给你依靠？靠父母，靠朋友，靠关系，都只是暂时的，最终能靠得住的只有自己，即那份让自己抬起头挺起胸的资本。假如你不好好读书，这个资本从何处来？假如你不努力奋斗，哪里能有精彩人生？

第十八节　给老师希望

1910 年，周恩来在辽宁沈阳的东关模范学校读小学。他的各科成绩都名列前茅。由于广泛地阅读《史记》《汉书》《离骚》等书籍，周恩来的作文尤受老师赞许，常被批上"传观"二字，贴在学校的成绩展览处，让同学们观看。其中，国文教员赵纯在批阅周恩来的作文时曾感慨地对周围的同事说："我教了几十年的书，从没见过这样好的学生！"

这是一个老师对自己的学生发自内心的赞叹，我们就是要让老师这样赞叹！

1911 年的一天，学校的魏校长亲自为学生上修身课，题目就叫"立命"。当时中国社会处在剧烈变革的时期，孙中山领导的辛亥革命刚刚推翻了清朝统治，但很多人，特别是青少年思想上多有迷茫，没有清晰的理想和正确的人生奋斗方向。魏校长讲"立命"课的目的，就是给学生讲如何立志。

魏校长讲到激昂处突然停顿下来，问了学生们一个问题："请问为什么读书？"

教室里静悄悄的，没有一个学生回答。

魏校长走下讲台，问前排的一位学生："你为什么而读书？"这位学生回答说："为光耀门楣而读书！"校长又转头问第二位学生，他的回答是："为了明礼而读书。"第三个被问的学生是商人的儿子，他的回答是："我是为了接我爸爸的班而读书。"同学们听了哄堂大笑。

校长对这些回答都不甚满意，他走到周恩来面前，问道："你是为什么而读书？"

周恩来这年刚满12岁，他刷地站起身来，看着校长的脸，一字一顿，郑重而又清楚地回答说："为中华之崛起而读书！"

"为中华之崛起而读书！"回答得太好了！魏校长没有想到竟然会有这样大志向的学生，非常高兴。他让周恩来坐下，然后对大家说："有志者，当效周生啊！"意思是说，有志气的青年，应当向周恩来学习啊！

不忘初心，胸怀梦想，让老师欣慰，给老师希望，是我们每一个学子的责任。

我国历来是一个尊师重教的国家。作为一个学生，最应该感谢的，除了父母，就是老师了。据统计，一个人成长所需要受到的教育中，家庭教育占51%，学校教育占35%，社会教育占14%。如果一个人在家庭和学校都受到了正能量的教育，那么他将来走上社会就会如鱼得水。如果一个人在家庭教育方面有所欠缺的话，那么他在学校遇到一位好老师，还是可以弥补回来的。倘若他没有利用好老师这个条件，那么这个人将来要想人生幸福就有点难了。

居里夫人说："不管一个人取得多么值得骄傲的成绩，都应该饮水思源，应该记住是自己的老师为他们的成长播下了最初的种子。"

我们的老师每天除了备课讲课、管理班级事务外，还担负着每个学生的思想教育的重担。除此之外，他们还有自己的家庭需要操持，还有自己的孩子需要教育，他们每天很忙也很累。

我国自古以来就有"一日为师，终身为父"的说法。"老师"又叫"师父"，而不是"师傅"。我们每一个跟随老师读书的孩子，最应该懂得老师的辛苦，让老师欣慰，给老师希望，帮老师解忧。即使帮不上老师什么忙，至少也不要给老师添麻烦，不要让老师为我们的学习操心费力，或者为我们的不争气而失望。

如果由于自己的年少无知或者恣意妄为，受到老师的批评，作为学生的我们应该欣然接受，赶快反省，从心底感恩老师对自己的负责，感恩老师没有放弃我们，让我们重归正道。即使老师的语气严厉一点，也是为我们好，我们绝不应该心胸狭隘地错把好心当恶意，怨恨老师。

当然，每个老师都不是完人。如果有老师确实误会了我们，我们完全可以事后跟老师恭敬而委婉地说出实情，或者让其他老师帮我们说出实情，相信老师定能给予真诚的理解。

教育的根本目的，是让孩子成为更优秀的人，更有能力肩负起未来的使命。

好的教育，必然是宽严相济、奖惩分明的；好的老师，必然是管教同步、严慈同体的。有远见的老师都懂得，只有狠心地管学生，学生才能成器；有远见的父母都明白，现在督促孩子，将来才不会留下遗憾。所谓的"狠心""绝情"，所谓的"逼迫"，只不过是对一个孩子教育的另一类形式而已。因为他们非常清楚，如果不逼学生练就"七十二变"的本领，将来怎么应付那"八十一难"？

我有一个朋友，在小学的时候非常淘气，经常闹出"事情"，让老师生气。但是值得庆幸的是，他当时的班主任老师非常敬业，可能也看出他是棵好苗子，就有意对他严加管束。特别是对一些道德方面的毛病更是不给他面子，轻则警告，重则责罚。由于这个学生的家教比较好，所以每次受到老师批评时，他本人和家长都能理解老师的良苦用心，从来不跟老师顶嘴，更不记仇。到大学后，他仍记着这位小学老师对自己的真情付出，每逢过年过节，都要登门拜访或者请老师吃饭以谢师恩。后来这位朋友一路升迁到了某省的领导位置上，闲聊时每每说起自己的成长经历，还念念不忘自己的这位小学老师对自己的栽培。

固然，老师也是人，也会犯错误，有时候也会对学生产生误解。作为青少年，应该多站在老师的立场上理解老师的良苦用心，体谅老师的辛苦。我觉得，老师对我们所有恨铁不成钢的批评，所有的严苛管教，都是为我们好；我们对老师所有的误解，都应该在第一时间释怀。我们没有任何记恨老师的理由。

凡是能够想到"给老师希望"的学生，一定是能够站在老师的立场上考虑问题的学生，是能够经常反思自身不足的学生。

第十九节　青少年学习与立志箴言（二）

- 人皆可以为尧舜。（孟子）

为了证明孟子说的"人皆可以为尧舜"这个观点不仅仅是一个鼓励人们做好人的口号，而是完全可以做到的，有人亲自做过实验，这个人就是明代哲学家王艮。

王艮1483年7月20日出生在泰州安丰场，世代为灶户（烧盐的苦力）。7岁进私塾读书，11岁因家贫而辍学随父兄烧盐，19岁随父至山东经商。

一次在山东曲阜拜谒孔庙时，王艮看到人们纪念孔子的宏大场面，内心深受触动。他想，孔子是人，我也是人，我可不可以做像孔子那样的圣人呢？于是他去请教别人：如何才能达到孔子那样的境界？有人告诉他："你只要按照孔子的教导去想去做，就可以达到圣人的境界了。"他从此每天都把《论语》《孟子》等先贤著作置于袖中，用功苦读。

在此后十几年的自学生涯中，他除了坚持不耻下问外，还不迷信前人对经典的注解，强调个人的新发现，新收获。

他38岁时又到江西拜王阳明为师，后创立了独树一帜的泰州学派，成为在思想领域独领风骚的人物，也为国家培养了很多治国人才。

一个鸡蛋不被人吃掉，21天就能孵化出小鸡；一只毛毛虫不被鸟吃掉，一定能破蛹成蝶；一个人持续按照圣贤的教导去想去做，就能成为舜尧那样的人。只要我们按照圣人的标准坚持去做，谁说我们不能成为伟大的人呢？

- 天下大事，必作于细。
- 既要读万卷书，又要读透几本经典好书。越是经典的书所包含的智慧越多，作用越大。
- 知识要用心领悟，才能变成自己的智慧。
- 这世上，唯有才华不会被人窃取，唯有成长必须自己完成。
- 既然选择了远方，便只顾风雨兼程。（汪国珍）
- 多做多得，少做少失。
- 梦想决定你的方向，意志决定你的成功，进取决定你的未来！

- 这个世界上多的是崎岖,而非坦途,能走的捷径实在是少之又少。因此,保持专注,世界才会成为你的舞台。
- 世界上有两个词,一个叫"用心",一个叫"执着"。用心的人改变自己,执着的人改变命运。只要坚持在路上,就没有到不了的远方!
- 很多时候,选择和思考比埋头努力更重要。
- 成功永远属于那些有梦想,有斗志,能容人,充满正能量的人。
- 从现在开始,千方百计把自己变成稀缺资源。
- 经常有人问我,你成功的秘诀是什么?其实谈不上什么秘诀,我的体会是八个字:知识、汗水、灵感、机遇。(袁隆平)
- 你自己不想好好学习游泳,换多少个游泳池都没有用。
- 你坚定不移地奔向一个目标时,全世界的人都会给你让路!所以,通向伟大目标的唯一障碍只有你自己。
- 一个人要想在世上活得好,除了德行好之外,还需要有才华,有智慧。所谓智慧就是处理问题的能力。
- 只要你还没有放弃,你便还是走在成功的路上。学什么,会什么,越来越不重要。重要的是你有什么样的意志力,有什么样的事业心,有什么样的胸怀,有什么样的品德。这个才是我们一生持续成长的动因。没有机会并不可悲,可悲的是机会来了我们什么都没有准备。让自己成为稀缺的人才,你就会拥有选择的主动权。
- 除了胜利,我们别无他选。(中国女排)
- 所谓成长,不只是拥有梦想,还要拥有为梦想买单的勇气。
- 当你认为最困难的时候,其实就是你最接近成功的时候。(《当幸福来敲门》)
- 做个像石灰石一样的人,别人越向你泼冷水,你的人生就越沸腾。
- 人之所以有大智慧,在于洞悉自身的缺点并不断地迁善改过。
- 昨天怎么样不重要,关键是今天做了什么,想要明天怎么样。
- 偶尔一两次做不好,知道问题出在哪里,比别人差在哪里,以后奋起努力就行了,"去日不可追,来日尤可期",不必过于悲伤。
- 今天你做的每一件看似平凡的小事,都是在为你的未来积累能量;今天你所经历的每一次不开心,每一次对负能量的拒绝,都是在为未来打基础!

- 安排的事能做好，没安排的事能想到并有计划地做好，就叫敬业。
- 你要千方百计让自己变得强大，因为在你弱小的时候，坏人最多。
- 良好的开端是成功的一半。（柏拉图）
- 骄、惰未有不败者。勤字所以医惰，慎字所以医骄。此二字之先，须有一诚字，以立之本。（曾国藩）
- 尝试重于思考。尝试了，才知道路能否走得通。尝试可以拓宽视野，增长见识，获得真知，让我们不断成长。
- 小时候，父母是我们的依赖；长大后，我们是父母的依靠。
- 胸中有黄金的人是不需要住在黄金屋顶下面的。（柏拉图）
- 如果你有一个伟大的理想，有一颗善良的心，你一定能把很多琐碎的日子堆砌起来，拥有一个伟大的生命。但是如果你每天庸庸碌碌，没有理想，那未来你的日子堆积起来将永远是一堆琐碎。（俞敏洪）
- 世界上不如意的事情十之八九，所以失败是常态，成功须费力。
- 不知道自己的无知，乃是双倍的无知。（柏拉图）
- 家庭条件再好，如果孩子没有理想，没有情怀，没有格局，活不出精气神儿来，那么这个家庭的财富是不会长久的。
- 我们若凭信仰而战斗，就有双重的武装。（柏拉图）
- 顺境的美德在于节制，逆境的美德在于坚韧。顺境最易显出恶习，而逆境最易显出美德。（培根）
- 学习这件事，是一个人从小到老都不可以停止的。一个人每天拼命地学习都生怕赶不上别人，哪里还敢随意放纵自己呢？！

第三章

情智篇

第一节　从青少年时期开始铸造自己的幸福人生

什么是人生真正的幸福？对于这个问题，不同的人有不同的回答。

有人认为，"只要快乐就是幸福"。可是，快乐只是一阵子，一阵子的快感，岂能代表稳定而又长期的幸福？

有人说，"物质欲望得到了满足就是幸福"。那么我们生活中的很多亿万富翁有车有房甚至有私人飞机，可以说是物质欲望得到满足了吧？可是我们经常看到或听到他们中间有离婚的，有锒铛入狱的，有跳楼自杀的，有因赌博或吸毒而倾家荡产的，还有犯了罪躲到国外被缉拿回国的……你能说这些比我们有钱的人就幸福吗？

还有一些人，他们认为"出人头地，手握实权，一呼百应就是幸福"。我们看到现实生活中有些人已经得到了这些，但最后却因为贪欲，从权力的顶峰滚入了万劫不复的深渊，一世英名毁于一旦。这是为什么？难道他们得到的还不够多，还不幸福吗？

德国著名哲学家叔本华一针见血地解开了我们心头的这团迷雾，他说："人类幸福有两个死敌，一个是痛苦，一个是无聊。物质匮乏产生痛苦，物质富足又产生无聊。而造成这种现象的根源正是人精神的空虚。一个精神空虚的人只能在'痛苦—无聊'的钟摆中晃荡。"

我们绝不能把快乐和幸福仅仅建立在外部的刺激和物质的满足上，那样永远也得不到真正意义上的幸福。只有那些内心丰富的人，才能摆脱这种困扰。

那么，真正的"人生幸福"是什么？我们又该怎样去追求，去得到呢？

按照明师圣哲的教导以及新时代的标准，真正"幸福的人生"应该满足以下三个方面的条件：

一是满足对生存所需的物质的基本需求。比如满足对吃穿住行、安全、健康等方面的需求。

二是满足对情感的需求。比如满足人际关系和谐的需求，被人尊重的需求，对亲情、爱情和婚姻的需求，等等。

三是满足自我价值实现的需求，即立德立功立言的需求。一个人事业有成，为世间留下了不朽功绩，帮助了很多需要帮助的人，等等，才是一个人内心觉得幸福的资本。

所以，一个人真正的幸福，一定是物质的满足、情感的满足、自我价值的实现这三者同时拥有。缺少了某一个方面，特别是第三方面，就会觉得心有遗憾。而这自我价值的实现又对其他两个方面起着主导、带动和弥补的作用。

坊间一直流传着一个"什么叫天堂，什么叫地狱"的故事。说一个人跑到上帝那里，问上帝天堂和地狱有什么不同。上帝说，天堂里吃的饭和地狱里吃的饭是一样的。不同的是天堂里的人吃饭时都是用筷子夹着饭菜先往别人的嘴里送，所以大家都互相恭敬谦让，感觉幸福；而地狱里的人总是先为自己打算，想着自己如何多吃多占少给别人，一旦占得少或抢不到就心生怨恨，所以心里总是充满着痛苦，但又不知如何解脱。

这个故事说明，为别人着想就会产生幸福感，自私自利往往会痛苦不已。而为别人服务的前提是让自己变得有用，产生可以为他人服务的自我价值。

实现自我价值的前提是一定要有正确的志向，有清醒的人生梦想。

孔子56岁的时候已是鲁国的大司寇，代理国相，有着优隆的身份、待遇和物质生活条件。但他为了全天下百姓的福祉，宁愿冒着诸多风险和辛苦去周游列国推行他的"息兵戈，重民生""仁义礼智信"的政治主张，即便被困在陈国和蔡国之间七天没吃上米饭没尝到肉味，仍然面无忧色，鼓瑟而歌。孔子这一生没有私敌，没有私利，没有自己的痛苦，他有的只是忧虑。他忧虑天下的百姓什么时候才能摆脱战争之苦，才能安居乐业，天下大同。因此他即使遭遇坎坷和困厄，心中也是坦然并快乐的。

方志敏烈士在他的《可爱的中国》一文中期盼让"生育我们的母亲与世界上各位母亲平等的携手"，这是他为之奋斗的理想，是他的使命和担当。为了实现这个理想，他视收买他的"高官厚禄"为粪土，宁为玉碎，不为瓦全，你能说他的心灵不是幸福的吗？

中国两弹一星功勋奖章获得者钱学森，从美国回国前已是美国麻省理工学院和加州理工学院两所全球顶级名校的教授，航空领域的权威专家，生活优裕。但是，他的价值目标是"竭尽努力，和中国人民一道，一起建设自己的国家，让我们的同胞过上有尊严的幸福生活。"因此他宁愿忍受美国当局非人道的长达

5 年之久的刁难和诬陷，也一定要回到自己的祖国。你能说他的内心不是幸福的吗？

无论是 20 世纪 60 年代共产主义战士雷锋说过的"为人民服务是最大的幸福"，还是 80 年代对越自卫反击战中战士们喊出的"吃亏不要紧，只要主义真。亏了我一个，幸福十亿人"，他们所追求的，就是以共同富裕为前提实现自我价值的最大化，你能说他们的心灵不是幸福的吗？

所以说，幸福不仅仅是物质方面的，幸福最主要的是一种精神感受；幸福是一种约束物质欲望的能力；是一种为"兼善天下"而拼搏的精神境界。

时代进行到今天，我们的物质生活水平有了极大的提高，我们不再像特殊年代那样只有精神生活，物质生活比较匮乏。但是，没有精神的满足，即使其他两个方面再好，相信也不会体验到真正的心灵的幸福。

快乐与幸福有什么区别？古希腊哲学家苏格拉底说："快乐在于获得，幸福在于付出。"是的，幸福在于付出，在于首先想着别人，为他人、为社会付出！

格局有多大，你愿意服务的范围就有多大；你做出的贡献有多大，你的人生价值就有多大，你的真正的幸福感就有多大。

第二节　真心奉献的人必能得到"大有"

"大有"是《易经》中的一个卦名，属于《易经》64 卦之一。书中解释"大有"的卦象是"盛大丰有之象"，也就是什么都会有的意思。比如我们每个人都梦寐以求的荣誉、权力、地位、财富、健康、长寿、家庭幸福等个人利益，在"大有"里都可能实现。

那么什么样的人才能够得到"大有"呢？按照《易经·序卦》的解释，自强不息、心怀天下、全心全意为众生服务的人，他的德行必然会感动天下百姓，百姓必定会给他很高的荣誉，必定会推举他担任领袖，并赋予他权力来管理人民。他的德行和能力相称，他自然会享受很高的待遇，拥有很多的财富。这种人一定受人爱戴，家庭幸福，子孝孙贤。这种回报是人们对他无私付出的褒奖，是人心所向的结果，是他理所当然拥有的。虽然君子并没有刻意追求这些，但客观上一定会得到这些。所以叫"大有"。

用《道德经》中的话解释就是，"以其无私，故成其私"。《道德经》第十五章中认为，天地之所以能长久存在，是因其不是为了自身生存。因此有道之人把自身名利放在最后，却反而能够占先；把自己的生命置之度外，却反而得到保全。这不正是因为他不自私吗？所以圣人这样做，反而能成就其私利。

古圣先贤认为，利益众生的事情就像火，自己的私利就像灰，你把火点燃了，灰自然就产生了，你不去用心索取它也会有。所以，你不要总是想着为自己争夺什么。越争夺越显得人格低下，越争不到。你不去争，你多去想着大众的利益，为大众谋福利，百姓们反倒会争着送给你。

《管子·形势解篇》中认为，当你的所作所为都像上天和大地那样只奉献不索取，一心一意为百姓谋幸福，为国家谋复兴，你的品格就可以与天地相配了。

因此，一个人要想获得成功的、幸福的人生，想成全自己，一定要先立下为大众服务的初心。你的能力大就多服务，能力小就少服务，但一定不要只想着为自己服务，要想着为大众服务。否则，你就得不到"大有"。即使偶然得到，也会很快失去。

那么，在我们生活的新时代，一个人怎样做才能获得"大有"呢？

首先，我们要拥有"被别人需要的能力"。只有具备了这种为大众服务的资本，你才能被别人器重，被社会关注，机会也才会愿意向你走来。

其次，要有踏实肯干的拼命精神。但行好事，莫问前程；倾力付出，不计回报。当你做得越多、你的功劳越大的时候，你的德行就显现出来了，你的美名就传播开来了，天下的人心就向你聚拢过来了。

第三，召集一群志同道合的朋友一起做一件事。这群朋友一定是君子之交，互相鞭策，互相鼓励，有福同享，有难同当，同心同德，不离不弃。而不是那种不学无术，心怀鬼胎，见利忘义，反复无常的机会主义分子。

第四，多读古圣先贤的经典，汲取古圣先贤的智慧，借助古圣先贤的肩膀去开拓自己的事业，去为大众服务。

一个活出境界的人，不会仅仅盯着自己那点小小的个人私利，而是放开眼量，胸怀民族的福祉，为国家的富强着想，为民族的复兴奉献。

历史早已证明，那些一心为别人服务的人，到最后都成全了自己。《中庸》中说："故大德，必得其位，必得其禄，必得其名，必得其寿。"

走"大有"之路，实现不争而争，比那些处心积虑、尔虞我诈地去与别人相争相斗，争又争不到，斗又斗不赢，搞不好就身败名裂的人，不知道要高明多少倍。历史上的尧舜禹汤就是这样的圣人。

第三节 "命自我立，福自己求"

我们中国人有没有信仰？当然有！这个信仰就是《了凡四训》中说的那八个字："命自我立，福自己求"。

这八个字的意思是说，一个人的命运，一个民族的命运，都是由自己主宰的；一切的福田福果，都存在于自己的心田之间，行善则积福，作恶则招祸。福自己求，不但能够物质丰足，功成名遂，还能得到真正的心灵幸福。

几千年来我们的中华文明没有中断，最主要的原因就是我们的"命自我立，福自己求"的信仰鼓舞我们一路向前。

说"命自我立，福自己求"是我们中华民族的信仰，理由如下：

我们考察一个民族的信仰，应该从考察这个民族的主流文化入手，比如从这个民族自古以来流传下来的神话故事和民间传说中去寻找。

在西方文化里，上帝耶和华被认为是人类的主宰，而耶稣基督是人们的救世主，火是普罗米修斯偷出来给人类的。西方文化还认为，人类是在"上帝惩罚人类的末日洪水"到来之前通过好人挪亚打造的一艘方舟逃离并存活下来的。西方人信奉上帝，依靠上帝，认为一切生命和物质都是上帝所造，人类必须按照上帝的意志办事，不能违背。

在中华民族的文化里，我们与西方民族的信仰大相径庭。我们认为"从来就没有什么救世主，也不靠神仙皇帝！要创造人类的幸福，全靠我们自己！"想吃熟食，燧人氏就钻木取火；天穹破了，女娲就炼石补天；太阳为害，后羿就射日；没有文字，仓颉就造字；疾病流行，神农就尝百草采药治病；交通阻塞，愚公就移山；大海伤害了我们，精卫就海填；洪水泛滥，大禹就带领百姓治水，疏通河道……人的命运、祸福、生死，在中国人看来，不是掌握在神灵手里，不是依靠外力来救赎自己，而是掌握在自己的手中。"命自我立，福自己求"，通过自己的努力，自己解放自己，自己改变命运。

"命自我立，福自己求"这一信仰，既是中华文明薪火相传的文化基因，也是中华民族文化自信的根源，还是中华民族自强不息的高高飘扬的旗帜。

五千年来，我们中华民族由弱到强发展至今，就是一部这一信仰的造化史。

"命自我立，福自己求"，那么我们怎样为自己立命？又怎样为自己求福呢？一句话，就是《易经》里说的："天行健，君子以自强不息；地势坤，君子以厚德载物。"只有通过自强不息的努力才能改变自己的命运。

创立国内领先在线婚恋交友网站——世纪佳缘网的龚海燕，就是一个靠自强不息的努力改变命运的女子。

龚海燕出生在湖南省桃源县的一个小山村，家境贫寒。高一那年，一场突如其来的车祸导致她右腿严重受伤，由于上学的不便以及负担不起沉重的医疗费她辍学了。

在辍学后的日子里，龚海燕开过礼品店，到珠海打过工，还做过厂报编辑。1996年国庆，龚海燕在广州读中医药大学的发小来珠海玩，说起大学校园里令人羡慕的读书生活，又点燃了她读大学的梦想。她决定重回中学读书，考大学。

1996年11月23日，21岁的龚海燕回到母校桃源一中复读。一年零七个月的努力耕耘之后，辍学三年的龚海燕以县文科状元的成绩考上了北京大学中文系。

北大为龚海燕提供了全面优良的学习环境，由于成绩优异，毕业后她被保送到复旦大学新闻学院读研。这时她的人生规划是做一名优秀的新闻工作者。

2003年，27岁的龚海燕还在复旦大学读研二。龚海燕的妈妈几乎天天给她打电话催婚。被逼无奈，她花了500元到一家交友网站上找男朋友，结果不但没找到，还遭到了网站老板的欺骗和羞辱。

龚海燕从来不欺骗别人，如今她被骗了，实在咽不下这口气，想来想去，就决心自己做一把婚介行业的孙悟空，把这个行业的歪风邪气驱除干净。

她花了1000块钱拜师学艺，用了整整1个月的时间，做成了一个属于自己的交友网站。她把这个交友网站命名为"世纪佳缘"，并严正声明这是一家"严肃征婚"的婚恋网站，于2003年10月8日正式上线。

为了保证网站上所有会员的资料都是真实的，龚海燕亲自把关审查，经常一天工作18个小时。终于，网络合格会员从2003年底的800个增长到后来的

8万个，又从 2012 年的 8000 万发展到 2016 年的 1.7 亿。这些变化，都浸透着龚海燕及工作人员的真诚与心血，当然也成就了无数单身男女的美好姻缘。

龚海燕的事业发展不是一帆风顺的，在她的业务急剧扩张、资金又山穷水尽的困难时刻，是浙江义乌一个从未谋面的神秘网友，被她的真诚所感动，一下子打到她银行卡上 8 万元帮她救急，使其渡过了难关。也是从这时起，龚海燕的事业才逐渐进入了顺水区。

家有梧桐树，引得凤凰来。2005 年，新东方创始人之一的钱永强在了解了龚海燕的平台发展前景以及龚海燕的为人之后，当天给世纪佳缘注入了 200 万元资金。随后，又有几位投资人相继入股"世纪佳缘"。

2011 年 5 月 11 日，世纪佳缘在美国纳斯达克上市，龚海燕的身家一下子达到 4.3 亿元。

支撑龚海燕奋斗的动力是什么？她公司招聘广告上的一句口号就是答案：——"在这里，我命由我不由天！"

我们一定要懂得一个最起码的道理，即我们的父母或是任何人，都不是我们永久的靠山，我们自己才是拯救自己的"上帝"，才是自己命运的主宰。任何时候，真正能够把自己从深渊里拉上来的，只有自己。

一个人想在这个世界上留下一些声响，就要以信仰为动力，以信仰领航向，遇山开路，逢水架桥，一路向前，绝不向命运低头。没有榜样，自己就成为榜样；没有轨迹，自己就留下轨迹；没有快乐，自己就创造快乐；没有幸福，自己就寻找幸福。只要愿意靠自己的力量去"立"去"求"，我们就会得到。

真正的民族信仰，会给整个民族带来实实在在的好处，而不是只给个别人带来好处。因此，我们求"福"一定要把握住一个原则，即损人利己的事不能做。要做既利于自己，也利于他人和国家的事。只有这样才能"人皆敬之，天道佑之，福禄随之，众邪远之，神灵卫之，所作必成"；反之，就有可能"鬼邪随之，刑祸近之"。

第四节 人活着，一是修行，二是改变世界

现在我们来讨论一个青少年都非常关心的话题：我们为什么活着？

为什么要讨论这个问题？因为这个世界上的大多数人都没有活明白，所以他们总是在喊"痛苦啊！痛苦啊！"活明白了的人是不屑于喊痛苦的，因为他们根本就没有痛苦，或者即使有痛苦也只是嘴巴上说说而已，内心根本不觉得痛苦。

像孔子、孟子这样的伟人，他们只有对人民生活、国家命运的担忧，没有个人的痛苦。因为他们已经对人生的意义看得非常透彻了。

如果你到大街上随机询问行人一个问题："你认为人活着的意义是什么？"你觉得结果会怎样？我觉得会出现这样的场面：一是对方可能内心茫然不知如何回答，因为他平时根本就没有思考过这个问题；二是即便有人能回答出来，答案也是五花八门，莫衷一是。这就是说，很多人虽然活着，但活得不明不白，糊糊涂涂，甚至很痛苦。

很多活明白了的前辈告诉我们，我们应该活得有价值，不应该蝇营狗苟；我们应该活得有尊严，不应该鄙如草芥。那么具体应该怎么做呢？一要不断地修行，二要不断地改变世界。这也就是我们活着的意义。

先说修行。一个人要活得好，同时对社会有贡献，没有一定的水平和本事是不行的。你说你将来要去治国理政，服务大众，可是你连治国理政、为民服务的道理都不知道，你怎么治国理政？你说你要当良医良相，可是你胸无点墨，不思上进，你怎能当良医良相？你说你将来想做某个领域的大国工匠，可是你连"勾股定理""三角函数"都弄不明白，你靠什么做大国工匠？你说你想当个好老师，教出"弟子三千，贤人七十二"，可是你平时说话连个平卷舌都说不好，怎能当好老师？……

养得根深，才能叶茂。只有好好地修行，不断提高自己的核心价值，将来才能做成大事。

再说改变世界。我们先来看看这个世界存在着哪些问题需要我们去改变？

我们国家在党的改革开放路线的指引下，经过全体人民40多年的努力拼搏，在各个方面都取得了举世瞩目的成就：

一、我们的生活水平发生了根本的变化。改革开放前"贫穷落后"的日子已经成为遥远的历史，数以亿计的中国人已经进入了"衣食无忧"的状态。2020年，我国全面建成了小康社会；二、人们的衣着从追求保暖到追求美观，越来越"高大上"；三、城市建设和居民住房条件发生了不敢想象的变化，在

"老外"眼里都成了人间奇迹；四、私家车很普遍，高铁、高速公路体系已经基本建成；五、国家不仅免除了农业税，还下发农业补贴和养老补贴；六、全民社保和医保体系得到了极大完善，中国人的平均寿命提高了整整10岁。2020年，当新型冠状病毒肺炎疫情突然袭击我国武汉时，国家对所有感染者不离不弃，全力救治，免除全部医药费，并且以最快的速度、最小的损失打赢了疫情防控阻击战；七、大学教育得到了前所未有的普及；八、中国的经济总量以极快的速度跻身世界第二，外汇储备已居世界第一。

但是我们还必须看到，在取得这些成绩的同时，我国的发展在诸多方面还存在着不平衡：

第一，由于近一百年来中国传统文化多次遭到摧残，家训失传，家教失道，家庭精神文明建设还处在全面恢复阶段。家庭暴力、父母教子无方、子女不孝、诈骗、贪污、校园霸凌、奢靡浪费等，是目前亟待解决的问题。

第二，我国人民的"幸福指数"还有待大幅度提高。据国际货币基金组织2021年数据，我国在全世界134个国家和地区中人均GDP（这是一国居民人均收入水平、生活水平的重要参照指标）排名第63位，距离真正的富裕国家还有相当长的路要走。

第三，在生产制造方面，我国仅仅是生产大国，不是制造大国，更不是制造强国。真正享誉世界的"中国制造"的拳头产品并不多，比如大飞机，有的国家半个多世纪之前就有了；载人登月，美国1969年就大功告成了；尖端技术实力要全面超过日本、追上美国还需要我们继续奋斗。

第四，我国在很多个科技尖端行业里还没有话语权，时不时被人家卡脖子，有时候还不得不在技术转让方面"看人脸色"。

总之一句话，我们要在中华人民共和国成立100周年时实现中华民族伟大复兴的"中国梦"，还有很多问题要解决，还有很多事情要做。面对这些客观现实怎么办？我们要认清形势，不怕困难，立下大志，肩负起历史赋予我们的光荣使命。

"国家兴亡，我的责任！"我们强，则国家强！如何让这个世界变得美好？答案就是先让我们自己变得美好。

寂静法师说：无须改变世界，只需改变我们的世界观。使自己的心越来越明亮，就能改变我们的命运，改变我们想改变的客观世界。

如果你将来想从事农林行业，你就学习袁隆平、杨善洲，让海滩变成稻田，让黄沙不再肆虐；如果你将来想从事工商业，你就要大力弘扬"契约精神"，立志消灭假冒伪劣产品，让我国人民吃上最健康安全的食品，用上质优价廉的产品；如果你想从事医药行业，就学习屠呦呦，立志攻克那些令人痛苦的疾病，让人们少花钱治好病；如果你立志成为科学家，你就做个真正的"大国工匠"，创造震撼世界的、令国人自豪的"中国制造"；如果你想从事国防科研工作，就学习钱学森、黄旭华、南仁东等老前辈的精神，用你的努力，研发出世界尖端的护国重器；如果你想从事司法工作，就立志让各种贪腐无机可乘，让见义勇为成为风尚，让"黑恶""碰瓷""霸凌"现象绝迹；如果你想从事新闻媒体工作，就多多报道那些脚踏实地的改革家、科学家、发明家、艺术家的精神，抵制那些低俗不堪的垃圾新闻、谣言以及拜金思潮、奢靡风气，让正气在中华大地回荡，让邪气不再肆虐；如果你想从事演艺行业，就多创作人们喜爱的优秀文艺作品；如果你想从事教育行业，就去弘扬国学文化，提振民族精神，让国人活出个精气神……

每个青少年都要先从好好读书、提高自身修养做起，让自己成为一个诚实正直、有爱心、有责任心、有真本事、能独立解决问题的合格人才。只有这样，才能用自己的才智为实现民族复兴作贡献。

第五节 "志不立，天下无可成之事"

"志不立，天下无可成之事"这句话出自明代哲学家王阳明《教条示龙场诸生》一文。他说："志不立，天下无可成之事。虽百工技艺，未有不本于志者。今学者旷废隳堕，玩岁愒时，而百无所成，皆由于志之未立耳。故立志而圣，则圣矣；立志而贤，则贤矣。"这段话的意思是说，志向不能立定，天下便没有可做成的事情。各种工匠、有技能才艺的人，没有不以立志为根本的。现在的读书人，旷废学业，堕落懒散，贪玩而荒废时日，百事无成，都是由于志向未能立定罢了。所以立志成为圣人，砥砺精进，就有可能成为圣人；立志成为贤人，就有可能成为贤人。

王阳明的这段话告诉我们：立志，为人生第一等大事。有什么样的志向，就会有什么样的人生。

一个人将来是什么样子，只要看他少年时期有没有大志向就知道了。那些胸怀大志为国为民的人，一定会活得精彩，受人敬仰；而那些总是想着坑蒙拐骗、好吃懒做的人，一定会活得人不人鬼不鬼，被人唾弃。

立大志，必有大收获；不立志，必然没收获。立多大的志向，就能产生多大的动力！

王阳明，心学的集大成者，与儒学的创始人孔子、孟子，理学的集大成者朱熹并称为儒学家派最杰出的思想家。王阳明之所以有如此大的成就，就是因为他自小就有着跟别人不一样的志向。

有一次，王阳明一本正经地问老师："何为第一等事？"他的老师吃了一惊，因为从未有人向他提出过如此高深的问题，老师稍加思索了一下说："读书考中状元是人生第一等事。"王阳明听了后说："这恐怕不能算是人生第一等事。"老师反问他："那么你说说什么是人生第一等事？"王阳明认真地回答道："只有读书做圣贤，才能算是人生第一等事。"提出这个问题的时候，王阳明才刚满11周岁。后来，他就真的成了与孔子、孟子齐名的大哲学家。

立志就是给自己的人生找到一个坐标，确立一份责任，肩负一份使命。一个立下志向的人，一般不会迷失人生方向，不会浑浑噩噩，不会虚度此生。他会心明眼亮，不忘初心，施展自己的才华，从小事做起，成就一份功业。

真正立大志的人，会终生追求一个目标，面对各种艰难困苦，总能端正心态，自律、自愈、自燃，经得起任何考验。

立下一个大志，实际上就是给自己的人生装上了一个用之不竭的动力系统，就像为动车车厢装上动力系统一样，是一个人自律自强的真正动力，它能让我们的人生更精彩。为什么普通列车跑不过动车？就是因为动车的每一节车厢都有自己独立的动力系统，合起来称为动车组，而普通列车则没有。

因此，青少年朋友一定要早立志，立大志，立实志。

早立志。立志早的人起步就早，进步就快。别人还没想清楚，他已经在路上了。

孔子说他"吾十有五而志于学"。孔子15岁的时候就立下了志向，一心要效仿尧、舜、禹、汤、周文王、周武王、周公这些有德行、有才干的给人民带来福祉的圣人。

马克思17岁的时候就决定要为改变人类的生活而奋斗终生。他历时40年，撰写出了划时代的鸿篇巨著《资本论》，为人类解放的伟大事业做出了不可磨灭的贡献。

毛泽东16岁时就写出了"孩儿立志出乡关，学不成名誓不还。埋骨何须桑梓地，人生无处不青山"。看看，他的志向有多大！他还给自己起了个笔名叫"子任"，寓意"以天下为己任"。这就是他能够历尽磨难，领导中国共产党取得革命胜利的内动力。

立大志。《孙子兵法》中说："求其上，得其中；求其中，得其下；求其下，必败。"所以我们在起步的时候，志向和目标一定要高远，一定要恒一，不能不立志，不能常立志，不能立小志。那些超越"小我"的志向，能给一个人的人生带来无限的可能。

王阳明立下的志向是"读书做圣贤"；医圣张仲景立下的志向是"进则救世，退则救民"；诗圣杜甫的志向是"安得广厦千万间，大庇天下寒士俱欢颜"；北宋政治家范仲淹的志向是"不为良相，便为良医"；北宋思想家张载的志向是"为天地立心，为生民立命，为往圣继绝学，为万世开太平"……

看看这些受人敬仰和爱戴的人物，他们的出发点都是"以百姓之心为心"，所以，"以百姓之心为心"，才是我们立大志的出发点，是"内圣外王"的基础。

立实志。每个人的天赋和兴趣不同，梦想自然也不同。所以，立志必须根据自己的具体情况而定，能够实现才行，不能空口说白话，自欺欺人。

杨振宁自小就是一个爱"做梦"、爱学习的孩子。他5岁时就认识3000多个汉字，中学时已经显露出超乎常人的数学天赋。12岁上初一那年，他偶然看到一本艾迪顿写的《神秘的宇宙》，书中讲的各种物理现象深深地吸引了他。看完书后，杨振宁跟爸妈说：我要成为第一个获得诺贝尔物理学奖的中国人！

志向的引导，加上个人的勤耕不辍，他的这个梦想在23年后终变成了现实！1957年，也就是他35岁这一年，凭借与李政道一起发现的"弱相互作用中宇称不守恒"理论，二人同时获得了物理学殿堂的最高荣誉——诺贝尔物理学奖。

梁启超说："今日之责任，不在他人，而全在我少年。少年智则国智，少年富则国富，少年强则国强……"我们在立志的时候，既要志存高远，又要脚踏实地。因为不符合实际的志向，等于没有志向！

立志与成功，实际上就是"因"和"果"的关系。把自己的志向与人民、国家的需要紧密结合起来，想着为社会、为人民做贡献，就是好的因。志向立不好，就很难成功。

当你种下了好因，向着正确的人生目标冲刺的时候，你的力量也就大了，你的人脉也就聚拢过来了，你的口碑也就建立起来了，你的功绩也就显现出来了，你的影响力就越来越大了，结下成功的硕果就只是时间问题了。

"有志者，事竟成，破釜沉舟，百二秦关终属楚；苦心人，天不负，卧薪尝胆，三千越甲可吞吴。"这是蒲松龄撰写的一副立志对联，我在这里抄录一遍送给各位有志少年，让我们共勉！

第六节 "天将降大任于斯人也，必先苦其心志"

孟子曰："故天将降大任于斯人也，必先苦其心志，劳其筋骨，饿其体肤，空乏其身，行拂乱其所为，所以动心忍性，增益其所不能。"这段话的意思是说，上天要将重任降临在某个人身上时，一定要先使他的内心经历磨砺，使他的筋骨经受劳累，使他的身体经受饥饿，使他受贫困之苦，把他正在做的事情搅乱甚至打断，来促使他的内心警觉和震动，使他心志坚韧，胸怀宽广，增加他原本不具备的能力。

这段话告诉我们，人这一辈子，必须经过很多意想不到的考验才能有大成就。目标越大的人，经历的磨炼就越多；成就越大的人，经历的磨难就越大。这是上天有意从你的德行、格局、学识、智慧、韧劲等多个方面加以考察，看看你到底有没有能力挑起这副重担。

一个人能吃多大的苦，就能肩负起多大的使命，承担起多大的重任。肚量小了，心态差了，智慧不够，能力太弱，都会被淘汰。人生的路上不会事事顺利，一定会有各种"妖魔鬼怪"前来干扰我们。我们有了先贤们的教导和提醒，面临考验或挫折的时候，心中就不会惊慌失措，就不会怨天尤人，反而会坦然接受，乐观面对，在历练中不断提高自己的能力。

　　1934年10月，由于王明"左"倾冒险主义的错误领导，造成了中央苏区第五次反"围剿"的失败。为了摆脱国民党军队的围追堵截，中央红军开始长征。途中总共进行了380余次战斗，攻占700多座县城，击溃国民党军队数百个团。其间红军经过14个省，翻越18座大山，跨过24条大河，走过荒无人烟的草地，翻过连绵起伏的雪山，行程约二万五千里。1935年10月，红一方面军到达陕北，与陕北红军胜利会师。

　　长征是对党的领导人的考验，是对红军的考验。考验的结果证明毛泽东确实是指引我们革命走向胜利的领袖，共产党确实能够担当起建立新中国、实现民族复兴大业的重任。

　　2005年以后，中国的曲艺界突然冒出一个郭德纲，后来成为相声领域的新一代领军人物。

　　郭德纲自小就喜欢曲艺。为了实现自己的梦想，他曾"三进北京"。1995年在北京时，他每天做的事情就是在剧团唱戏、打杂，并坚持创作相声。直到第三次进京，他才在北京站稳脚跟，为德云社的创立打下了基础。

　　郭德纲刚到北京时，曾经落魄到必须把身上仅有的一块怀表当掉才能活下去的地步，也经历过说相声时台下只有一个听众的尴尬场面。

　　有一天演出结束已经很晚了，他疲惫地走在街上，发现回家的公交车已经停运了，身上仅有的一点儿钱又不够打出租车，怎么办呢？他决定填饱肚子后走回家。他用仅有的两块多钱买了几个包子，吃完便觉得身上有了力气，然后沿着大街往家走。等他一步一步走到家的时候，已经是凌晨时分，脚上也磨出了血泡。

　　郭德纲成名之前，没有人看得起他，也没有人相信他能在相声界名声大噪。俗话说，"只要功夫深，铁杵磨成针"。他硬是凭着一个梦想，凭着对相声事业的热爱，苦撑到梦想实现。2005年那个冬天，郭德纲的名字一夜之间响彻了大江南北，据说有一次表演还创下了连续25次返场的惊人纪录。

　　俄国作家阿·托尔斯泰曾说，一个人要真正强大起来，就必须"在清水里洗三次，在碱水里煮三次，在盐水里腌三次"。请记住，自古磨难出英雄，从来纨绔少伟男！

第七节　一切梦想的实现都得先好好活着

据说，在日本的寺庙里常常能看到这样一条标语："人生除了死，其他都是擦伤。"

现在有些孩子经受不了挫折，动不动就离家出走，甚至试图自杀，心理学家认为主要有以下几方面原因：

原因一，逆商太差。孩子在父母的百般呵护下长大，人生太过顺利，缺乏抗挫折的能力，养成了一颗"玻璃心"，稍有不顺，就过不去了。

我们生活在价值观千差万别的世界里。不管我们怎样生活，总要接受别人的各种评价，有中肯的、有误解的，甚至还有别有用心的，总会发生一些价值观上的碰撞。

面对这种情况，我们首先要多站在对方的立场上去思考，多理解对方的善意，多肯定对方正确的地方，不要去纠结那一两句你不爱听的话。这样才能少生矛盾。其次要主动认错，双方发生冲突的时候，最先认错的那个人才是聪明人。再次是要看得开，不要说对方还有对的地方，即使对方完全错了，又能怎么样！最后是要看到任何事情都有两面性，在你感受到一定的压力时，一定会有真切的好处。比如促使你发现自己的某些不足，尽快完善自己；你可以借此了解别人对此事的立场、看法，由此开阔眼界，增长智慧，调整自己的言行；等等。从这个角度讲，我们应该感谢这些事情让自己得到历练才对。

原因二，缺少感恩心。有的人不理解父母和老师的好意，不懂得感恩父母、感恩老师、感恩国家的培养，把自己那点儿可怜的自尊心看得比天大，把自己的感受看得重于一切，一不高兴就把父母和老师多年的恩义全部抹杀，甚至把自己的生命当成要挟和报复父母、老师的工具，这是极其错误的。

每个人都要学会包容别人的不完美，特别是要多多包容自己不完美的父母、老师。对对方有看法可以多沟通，只要你说得有道理，相信父母、老师一定会认可你的想法。这个世界上没有人喜欢被别人骂，但是，能够认真听完别人骂得对不对的人，才算是真正有度量的人。

原因三，不懂爱惜生命。生命对一个人只有一次，它的宝贵怎么形容都不过分。如果没有了生命，一切梦想都无从谈起，所以我们必须为自己那个"初心"好好活着。还有，一个人的生命在其父母的心中，往往会比他们自己的生命更为重要，因为"身有伤，贻亲忧"。我们的生命就是父母最宝贵的财产，珍爱自己的生命，就是孝敬父母了。所以，我们一定要珍爱生命。

复旦大学网红女教授陈果说："世界上只有两件有价值的事：第一是你好好活着；第二是请你帮更多的人好好活着。"这话值得我们深思。

原因四，智慧不够。试想，我们把国学经典的智慧运用到我们的成长中，把所有的考验都看成是上天给予我们"增益其所不能"的机会，哪里还会出现这种悲剧呢？

我的一个朋友就处理得很好。他说在他17岁那年冬天的一个晚上，他的父亲又跟母亲吵架了，他已经记不清有多少次了。每当看到这个场面，他就觉得异常痛苦。他总是想，自己爱戴的父母为什么总为一些鸡毛蒜皮的小事吵个没完？作为一个夹在中间的孩子，躲也躲不开，逃也逃不掉，真是痛苦万分！

夜幕中，他一个人走在村边宽敞的大道上，十分盼望能有一辆汽车迎面疾驶而来，然后他一头撞上去，从此离开这个痛苦的世界……

他正在痛苦的时候，脑海中突然蹦出了一个画面，是想象他死后，他那最可爱的妈妈伏在他身上哭得死去活来的样子，那个画面十分悲惨！他突然觉得，他想自杀的想法太自私了，太残忍了，太对不起妈妈了！平时妈妈那么爱他，护着他，他又是个孝顺孩子，绝不能让最爱自己的妈妈经历那种白发人送黑发人的痛苦！想到这里，他做出了决定：为了可爱的妈妈，好死不如赖活着！只要活着，就有办法逃离原生家庭这个人生暂时的住所！再说了，明明是别人的错误，凭什么要他这个无辜的人用昂贵的生命来买单？那不是太傻了吗？！

他想到这里，心情慢慢平复下来，心里有了主张。他打消了自杀的念头，擦干了眼泪，像什么也没有发生一样回了家。

若干年后，我的这位朋友靠着自强不息的努力考上了大学，有了成功的事业和幸福的家庭，离开了那个令他痛苦的原生家庭。

我问他，通过这次经历你悟出了什么道理呢？他说，庆幸那次没干傻事！现在回过头来看，那点儿风雨就像人生长河中的一朵小浪花，实在算不了什么。

人生无法事事顺意，命运得靠自己转弯。俗话说"境随心转"，观念一转，便是晴天！只有学会从更长远、更开阔的视野去看眼下的人和事，才会发现自己现在的心态或想法是多么可笑！

法国思想家罗曼·罗兰说过这样一句话："世上只有一种英雄主义，就是在认清生活真相之后依然热爱生活。"

第八节　让自己顺利度过青春叛逆期

人的一生一共有三个叛逆期：

3～5岁是第一个叛逆期，表现为出现很强的违拗意识。

7～9岁是第二个叛逆期，也就是人们说的"七八九，狗都嫌"的时期。

13～18岁是第三个叛逆期，即我们常说的青春叛逆期。处于青春叛逆期的孩子往往会对传统观念表现出强烈的重新审视和批判的逆反心理。具体表现如下：

一、与家长产生矛盾。对于父母等长辈的价值观和一些言行，产生严重的不认同感或对立、对抗情绪，轻者发生直接的语言冲突，重者会离家出走。

二、自主意识增强。由于心智的开悟和自主意识的增强，青少年们到了这个时期都会用自己的新观念、新视角探索世界，并且做出自己的评价，进而付诸行动。他们不再对父母的说教全盘接受，言听计从，而是该怀疑的就大胆怀疑，该不听的就坚决不听，一切都按照自己的意志行事，希望主宰自己的命运。

青少年表现出的这种"桀骜不驯"的特点，其实是他们成长过程中出现的必然现象，是他们正在长大的标志，是可喜可贺的事情。

三、关注异性。可能对某个异性的衣着打扮、体形、声音、某项特长等产生特殊的好感，甚至出现早恋的苗头，但是这个时期的青少年还不能区分好感与爱慕。

四、关注自我。对自己的服饰、发型、爱好、言谈举止以及自尊心等方面，比以前更加敏感、更加看重，特爱面子，不能容忍别人轻易否定自己的价值观。

青少年进入"青春叛逆期"后，家长应该伴随孩子的心灵成长，回顾自己这个年龄时的心理诉求，设身处地地去理解孩子、尊重孩子、包容孩子，站在孩子的前面引领孩子、鼓励孩子，这样才能减少亲子之间的冲突。如果父母继续以自己惯有的甚至落后的思维模式和价值观来评判或干预孩子的心理和行为，那么亲子之间一定会在观念上产生冲突，这就是两代人之间的代沟。如果父母不与时俱进，不了解、不认可、不接纳孩子的新思维、新观念，而是继续企图用指责甚至嫌弃的手段打压孩子，那么势必会让孩子本能地不服和反抗，导致"叛逆"行为愈加激烈。

青春叛逆期是每一个青少年成长的必经阶段。只不过有的亲子之间沟通好一些，冲突就少一些；有的沟通差一些，冲突就多一些。

作为紧跟时代潮流、朝气蓬勃的青少年，面对父母不同步甚至落后的价值观和方法，若是一味地反抗、背叛、我行我素，不但不利于解决问题，还会使亲子之间的鸿沟越来越深。

面对这一矛盾，我们不应采取对峙的态度，而应进行积极有效的沟通。建议沟通方法如下：

第一，与班主任老师沟通。相信老师会比父母更客观、冷静地对待你面临的问题，并给出有价值的参考方案。

第二，找心理咨询师沟通。一般学校都有心理辅导教师，医院都有心理咨询门诊。这些专家更专业，也会提出有针对性的解决方案。

第三，直接与父母沟通。在与父母沟通前，先试着站在父母的立场上理解父母的想法、做法，如果理解不了，就直接把你对父母哪些方面的不认同以及有哪些期望当着他们的面说出来，让他们了解你的所思所想，尊重你的诉求，理解你的心情，促使他们改变过时的观念。你觉得与母亲探讨方便就跟母亲探讨，跟父亲探讨方便就跟父亲探讨。不管是跟谁探讨，只要你让他们知道你的想法，问题就解决了90%。因为父母都很爱孩子，当他们了解孩子的真实想法和诉求后，一定会调整自己的沟通方式和观念。但是，在与父母沟通的时候，你也要耐心听取他们的想法、看法和计划，真诚地尊重他们。假如他们的想法、看法比你的想法、看法更有道理，你就不要固执己见，要乖乖地向他们学习，照他们的意思办吧；如果你认为自己的想法更有道理，那么你可以继续保留自己的想法，然后尝试用事实告诉父母自己的想法和做法是对的。

第四，找有德行、信得过的朋友沟通。他们也会从旁观者的角度帮你出谋划策，化解你的心理困惑和焦虑。

第五，从网上或相关书籍中寻找答案。如果你自己能通过读国学经典，在与古圣先贤的隔时空对话中找到答案，那么我要为你点赞。你这样做不但可以解决困惑，走出"小我"，还能贴近智慧大师的思维。

这里我要特别提醒的是，不建议你找那些不熟悉的网友倾诉，以免上当受骗；也不建议你去找那些没有知识和经验的人请教，以免被误导。

如果你有话不说闷在心里，很容易闷出病来，比如神经衰弱、抑郁症、精神分裂症等。这种可怕的后果一定要避免！

一个人在成长过程中不可能不遇到困难，可能是家长的责骂、老师的批评、朋友的误解、同学的怀疑等各种不如意的事情，这是正常的，是成长中的风雨。若是把一个人的青少年时期比作四季，总不能天天艳阳天吧？这就对了，月亮有阴晴圆缺，天也有风霜雨雪，总不能因为阴天下雨就不活了吧？生命是最宝贵的，是一切的前提，没有生命，万事休提，在许多困难面前，首先要珍爱生命！俗语说："留得青山在，不怕没柴烧！"更不用说，其实老师也好，家长也好，批评你、责骂你，绝大多数时候是为了让你改正错误，让你更好地成长。

对一个人的一生来说，青少年时期不过是一个阶段，在这一个阶段，你的困难、错误、失败，都不过是河流中的一朵浪花，如果你过几年再看，这个时期的烦恼简直不值一提。因为人生总是起起落落，成功和失败、幸福和痛苦总是互相依存，没有永远的幸福，也不会有永远的痛苦，如果你熬过了痛苦，你就会发现风雨过后是彩虹和晴天，走出峡谷是一望千里的山巅，风光无限。范仲淹在《岳阳楼记》里描述了洞庭湖的两种景象：一种是天气阴暗、凄风苦雨、满目萧然；一种是春和景明、波澜不惊、上下天光、一碧万顷，如果遇到了前一种天气，人就丧失了生的希望，那他还怎么有机会欣赏到后一种景色呢？所以，胜不骄、败不馁、宠辱不惊，才是对待人生正确的态度。

人遇到问题确实有想不开的时候，觉得自己没有活着的勇气了，觉得自己是父母的累赘、老师眼里的蠢货、同学的眼中钉，这个时候，我劝你不要想了，好好睡一觉，等待第二天的太阳。到了第二天，你就会发现，太阳还是照常升起，生活还是那么色彩斑斓，情况其实没那么糟糕！

第九节 "你本来就是太阳"

青少年是什么？是弱者？是不成熟的人？是不应该受到尊重的群体？不是！我们来听听这个人怎么说吧——

《易经》早教倡导者、国学经典教育家王景华老师总是这样充满期望地称呼青少年："你本来就是太阳！"听听，这是一句多么贴切而又让青少年热血沸腾的评价！我们仔细想想确实如此。

先让我们来看看太阳都有哪些特点：

太阳有着无限的生命力，无畏岁月，自强不息；

太阳自带热量，自带光芒，无需别人点燃；

太阳代表着创造，孕育着生命，备受人类赞誉和敬仰；

太阳只管付出，从不求回报；

太阳对所有的人和物都一视同仁，源源不断、不分彼此地把温暖和光明慷慨地播撒到每一个角落；

太阳无比乐观自信，从不畏惧狂风暴雨、电闪雷鸣，任凭你一时黑暗，又岂能奈我何！

还有，太阳之所以为太阳，是因为它从来不在乎别人的目光！

我们每一个青少年都是这样的太阳，青少年代表着世界的未来，代表着社会的方向，代表着民族的希望。

每个青少年的未来都有着无限的可能性和不可预见性，有着无限的发展空间和美好的前程。虽然你们现在可能阅历不足、智慧不足、本事不大、刚刚升起，但是，经过不断磨砺，不断淬炼，你们一定能很快成长起来，强大起来，创造出属于你们自己的辉煌。

只要自强不息，无所畏惧，经受住一次次的考验，不断地成长，让自己的能量越来越强，照亮别人，温暖别人，成就自己，益于社会，就能做一个像太阳一样的人。

有一个叫渭梅女的女孩儿，她用自身的不屈不挠告诉我们，她就是我们身边的太阳。

渭梅女3岁那年，一场车祸无情地夺走了她的双腿。由于家庭条件困难，她被父母遗弃到陕西省宝鸡市渭水河边，后被公安机关送到宝鸡市儿童福利院，从此，福利院就成了她的家。

童年的不幸，没有让渭梅女对生活失去信心，也没有让她自暴自弃，反而让她更加坚强。她刚刚懂事起，就暗暗地告诉自己：一定要像健康人那样学会独自"走路"！

为了早日实现这个愿望，她尝试了很多办法，最后终于成功了：用双手支撑着东西走路。于是，一个带有两个木质手撑的特质皮垫，就成了渭梅女的"一双腿"。从这天开始，她就自己洗衣服、做家务、上厕所，不再求助于别人了。

不服输，不放弃，乐观生活，是渭梅女最优秀的品质。无论遇到什么困难，她都懂得用"克服"二字去解决。院里举办各种活动，她积极参加；擦地板、提水、洗碗、帮弟妹们梳头以及一些力所能及的事，她都抢着去做。院里一间水疗室有一面艺术墙，上面画满了童话故事的插图，就是渭梅女花费了近一个月的时间设计并制作完成的。

"通过知识改变自己的命运"，是渭梅女为自己选定的人生之路。读完小学、中学后，她考上了自强中专的计算机专业。只要有书，渭梅女就废寝忘食地读，恨不得一口气把所有的知识都装进大脑里。

渭梅女用生命创造出了一个又一个奇迹。2008年，残联到福利院挑选手，渭梅女被选上后到云南昆明学习了半年游泳。第二年，她代表宝鸡市参加陕西省第六届残疾人运动会，捧回了3个"第一"：100米自由泳金牌、100米仰泳金牌、50米自由泳金牌。后来，她还代表陕西省参加了2015年第九届全国残疾人运动会的篮球比赛。

渭梅女像太阳一样发着光，散着热，献着爱。在福利院担任特教老师的她，用自己的经历和一颗爱心教导、激励着弟弟妹妹们。语文、手工、画画，都是她的拿手课程。

渭梅女并没有因为生活对她不公就自暴自弃、心生沮丧，因为她心里早已把自己看作了一颗播撒热能又无所畏惧的太阳。

2017年7月，渭梅女独自到上海浦东求职，找到了一份为补习班当客服的工作，也是她自己找到的第一份工作。永远不服输的她告诉自己，她完全可以像正常人那样自食其力地生活！

犹太人有句谚语是这样说的：世界上没有悲剧和喜剧之分，如果你能从悲剧中走出来，那就是喜剧；如果你沉湎于喜剧之中，那它就是悲剧。

每个青少年都要相信自己就是太阳，自己身上有不一样的能量！

你的世界由你做主，你的一切由你创造。你若阳光，你的世界就充满阳光；

你在燃烧，你的世界就充满热量；你愿奉献，你的人生就充满能量；你若坚强，你的前程就没人能够阻挡！

第十节　青少年修养箴言（一）

- 为天地立心，为生民立命。（张载）
- 若是想创造自带光芒的人生，与其一味地想尽办法去靠近那些正能量的人，不如自己竭力变成一个正能量的人。
- 谦卑一分，增一分聪慧；谦卑十分，增十分聪慧；谦卑万分，增万分聪慧。
- 看别人不顺眼，是自己的修养不够。
- 心是一间屋子，如果你推开南窗看到的是一片破败、污秽的景象，你推开东窗看到的可能是峰峦叠嶂，晴空万里；你推开北窗看到的可能是江水滔滔，百舸争流；你再推开西窗看到的可能是一马平川，一派令人心旷神怡的景象！心窗打开得越多，视野就越广，你对外界的认识就越全面。读好书就是打开窗的过程。
- 计较和怨恨是心灵的牢笼，宽容与忍让是化解矛盾的钥匙。宽容所有的人，是我们毕生的功课。
- 你的生命不只属于你自己，也不只属于你的父母，你的生命属于所有爱你的人，包括国家和社会。我们每个人都不只为自己活着，还是为很多很多的人活着。
- 有理想的地方，地狱就是天堂；有希望的地方，痛苦也成欢乐。（柏拉图）
- 心中有信仰的人快乐，心中有方向感的人快乐。志向和梦想就是你的方向感。
- 君子用心谋求的是道德，而不会花费心思去谋求衣食；君子只为自我的道德存废而担忧，而不会担忧自己的贫穷。（《论语·卫灵公》）
- 在这个纷扰的世俗世界里，能够学会用一颗平常心去对待周围的一切，也是一种境界。（柏拉图）

- 怜悯伤痛的心，是仁的发端；羞耻憎恶的心，是义的发端；谦辞礼让的心，是礼的发端；辨别是非善恶的心，是智的发端。一个人有仁、义、礼、智这四端，就如同身上有手足四肢一样。(《孟子·公孙丑上》)

- 一辈子都经受不起挫折的人，一辈子都做不成大事。挫折是人生的必修课，你认为自己优秀，那么请你先经受住挫折这一关来证明自己。

- 无德的人总是嫉妒别人有德。(培根《论嫉妒》)

- 那些高贵的人从来不占小便宜，因为他们知道小便宜的后面可能是陷阱。

- 人与人之间都是互利的，伟大都是先从服务别人开始的，一个人服务别人的能力有多大，人生的成就就有多大！

- 孝敬老人你会得到美名，感恩贵人你会得到提升，尊重女性你会拥有德行，亲近经典你会智慧超群！

- 一个少年应该如何取舍？舍弃自私的，追求为公的；舍弃暂时的，追求长远的；舍弃次要的，追求根本的；舍弃黑暗的，追求光明的。

- 一个"以百姓之心为心"的人，一个为了人民和民族的利益甘愿吃亏的人，终究吃不了亏。因为能吃亏的人，人缘必然好；人缘好的人，机缘必然多。

- 要学会运用联系的、发展的、矛盾的（一分为二的）观点看待问题，分析问题，处理问题；避免用孤立的、静止的、片面的观点看待问题，分析问题，处理问题。

- 失败在所难免，我们每个人都不例外。但只有经历一次次失败，我们才能从中学习，有所改进，渐趋成熟。每一次的尝试和失败，都会让我们离成功更近一步。

- 不论这个世界多么糟糕，你的世界一定要精彩；不论人心多么黑暗，你的内心一定要明亮。

- 这世上有没有救苦救难的观音菩萨？有人说有，有人说没有。不管有没有，你想做，你就是！

- 你所经历的苦难并不一定能成为财富，只有战胜苦难，苦难才能变成财富。

- 为你好的人，才会批评你、教育你、严管你、惩戒你。这样做的人，除了父母，就是老师。别人一般谁愿意操这个心？

- 那些尊师重教的人，一定是有慧根的人。
- 读过国学经典，再学好课本知识，就迈进"内圣外王"的大门了。
- 难过的时候就把自己当成另一个人，当初怎么安慰别人，现在就怎么安慰自己。
- 学业不是唯一，有着健康的心理与良好的抗压能力，才是一个孩子终身的财富。
- 贫穷并不可怕，只要你努力学习，又有明确的奋斗目标，随着时间的推移，你肯定也会变得很富有。

第十一节 "人必自助而后人助之"

"人必自助而后人助之，而后天助之"，这是《周易·系辞上》中周文王姬昌说的一句话。这句话告诉我们，一个人要活得像个人样，首先得自己努力，自己争气。你努力了就会感动别人，别人就会伸出手来帮助你。你若是不努力，自暴自弃，就是别人想帮你，都找不到你的手在哪里。

如果你有了自己的志向，有了清晰的梦想，有了学习的自觉，有了对成功足够的渴望，命运就一定会在那全是墙的地方给你留一扇门，一直走过去，就能够实现你的梦想。

2019年3月，我随旅游团去缅甸旅游。那天我们乘坐马车去游览这个国家的母亲河——伊洛瓦底江。马车刚刚上路不久，就从路边冲出一个看上去顶多只有12岁的少年，手里拿着五六张手工彩笔画跟在我们的马车后面。马车跑得快，他也跑得快；马车跑得慢，他也跑得慢。虽然天气炎热，一路尘土飞扬，这个小男孩既不说话，也不放弃，一直距离我们马车两三米远。我不免心生好奇：他为什么要这么执着地跟着我们？他是要卖手中的画给我们吗？可是他为什么不说话，只是一路跟着、跑着？他到底要做什么？

到达一个寺庙旅游点的时候，马车缓缓停了下来。这个小男孩一边喘着粗气，一边看着我们，左手擦着额头淋漓的汗水，右手晃着手中那些花花绿绿的手工彩笔画大声用生硬的汉语喊着："1000缅币！ 1000缅币！"（当时1000缅币相当于5元人民币）哦，我明白了！他是在向我们兜售他的劳动成果——画作。他小小年纪就在用自己的劳动成果换取公平的报酬，而不是乞讨。更令我感动的是，他一路跟着马车只是跑，不作声，一定要等到马车完全停下来才开始吆喝，原来是他出于礼貌，宁愿自己跑得大汗淋漓也不想让我们这些外国客人被太阳暴晒。他在做这点儿小小的生意的时候也坚持先为别人着想，说明他是一个很有修养的孩子，也是一个很执着、情商很高、有梦想的孩子。想到这里，我接过他手中的画作，付给他1000缅币。

从缅甸回国很久了，我每每想起这个男孩子，心里就升起一股向上的力量。如果他一直这样自强自立地干下去，我想，他将来一定会大有作为的。我默默地为他祝福！

好孩子谁都喜欢，有梦想的好孩子就更招人喜欢！谁不愿意帮助那些为了追梦而矢志不渝的少年呢？

有时候我们会埋怨这个世界不公平，为什么有的人是含着金汤匙出生，而自己却出身卑微？同样是人，出身的差距怎么就这么大呢？

如果你有这种想法，那是因为你只看到了一时，没有看到长远；你只是看到了起点，没有看到通过努力之后，你也会有一个辉煌的未来。事实早已告诉我们，起点什么样并不重要，一个人的命运可以随着他的不断努力得到改善。因此，眼前一时的不公平，绝对不应该成为我们自卑的理由，更不应该成为我们丧失斗志、游戏人生、自暴自弃、自甘堕落的理由。

我们应该承认这个世界本来就没有绝对的公平，但是，越是不公平，越应该努力。因为只有努力才能消除不公平。

马云说："永远不要跟别人比幸运，我从来没想过我比别人幸运，我也许比他们更有毅力，在最困难的时候，他们熬不住了，我可以多熬一秒钟、两秒钟。"

马云出生在风光秀丽的杭州。他并不算是聪明伶俐的孩子，甚至有点儿像"笨小孩"。他很喜欢英语，特别喜欢听广播里朗读的马克·吐温的《汤姆·索亚历险记》。

1979年，杭州接待的外国游客猛增到了4万多人，还在读中学的马云不放过任何一个练习英文的机会，常常是天刚破晓他就骑上自行车，花40分钟赶到西湖边找外国游客攀谈，还免费带他们游览西湖，以便在交流中提高自己的英语水平。

"机会总是留给有准备的人。"这天他遇到了生命中的"外国贵人"——肯·莫利。

15岁的马云和他新认识的澳大利亚客人肯·莫利的儿子戴维·莫利成了好朋友。当时的肯·莫利父子是通过澳中友好协会旅行团来中国旅游的。马云与他们几乎天天见面，天天用英语交流。在这对父子回国之后，马云为学英语，继续与他们坚持用英文频繁通信达5年之久。这个难得的人生经历和坚持，让马云的英语水平直线上升。

6年后，也就是1985年，21岁的马云通过不懈努力，考入了杭州师范大学英语专业，后当选为学生会主席及杭州市学联主席。

大学毕业后的1991年，马云初涉商海，和朋友成立了海博翻译社。这是他第一次创业。而马云与别人的不同之处就是：一有想法，马上行动！

1995年初，马云去美国西雅图参观了一个朋友的网络公司，亲眼看到了互联网的神奇。他意识到互联网在未来会有巨大的发展前景，于是回国后他便抓住机会开始了第二次创业——创办中国黄页。

在经营中国黄页的过程中，马云与员工以不屈不挠的精神，克服了种种困难，把营业额从0元做到了几百万元。后来中国黄页被杭州电信看好并收购。

创办阿里巴巴是马云的第三次创业。用马云的话说，当时的动机就是为所有"想创业又能节约成本赚到钱"的人搭建一个商业平台。经过8年发展，马云成为全世界知名的风云人物。

每次创业初期都很艰难。1999年，其他公司员工的工资平均都快到1000元了，而他的员工工资只有500元。员工睡的是地铺，吃的是方便面，每天工作十几个小时。有一阵子，公司资金短缺，到了几乎维持不下去的地步，但是大家还是相互鼓励，抱团取暖，每天满怀希望地工作着。公司为什么没有垮掉？因为大家信任他们的带头人马云，凭着马云"不服输"的精神和员工"坚持到底就是胜利"的信念，大家渡过了创业路上的一次次难关。

"人必自助而后人助之，而后天助之。"就在阿里巴巴的资金链快要断裂的时候，国际上的大财团对其进行了投资。先是1999年10月高盛集团投资500万美元，帮助阿里巴巴度过了创业初期最艰难的时光，随后是软银集团的孙正义投资阿里巴巴2000万美元。

2007年11月6日，阿里巴巴在香港联交所成功上市，市值200亿美元，成为中国市值最大的互联网公司。（后于2012年6月20日退市）2014年9月19日，阿里巴巴又在纽约证券交易所正式挂牌上市。2019年11月26日，阿里巴巴正式在港交所挂牌上市。至此，阿里巴巴成为在美股和港股同时上市的中国互联网公司。

东方卫视《欢乐喜剧人5》中有这么一句很励志的话："只要我们不放弃，一定会有好运气！"

第十二节 "穷则独善其身，达则兼济天下"

"穷则独善其身，达则兼济天下"这句话出自《孟子·尽心上》。意思是说，自己不得志时要洁身自好，好好提升自己的人格品德，以显现于世；得志时就要将恩惠施于他人，以实现自己的人生价值。两千多年来这句话是无数中国知识分子立身处世的座右铭。

古圣先贤认为，凡是君子，无论在什么环境下都特别注重道德修养，为人处世讲究诚信，说话做事经得起考察；并且谨慎自律，克制私欲，远离贪婪，防止各种邪恶念头的侵蚀。

而有些人也想做这样的君子，但他们不能坚持"修养自身"这个行为准则，不能自觉地用"自律""慎独"约束自己，更可怕的是他们不知道"人心惟危，道心惟微"这个道理，不能用美好的"道"去及时匡正错误的念头和贪欲之心，做不到"出污泥而不染"，结果渐渐被丑陋的贪欲和恶劣的环境浸染，再也找不到自我。

我有一个朋友为了方便做生意住在一个"穷人区"，那里的人都是无钱买房才临时租房住在那里的。

按理说，穷人应该是"穷则独善其身""人穷志不穷"，穷则思变，发愤图强改变目前的境遇，但是，那里的很多人不是这样想的。我朋友讲，那里有些人经常找机会偷别人的东西，小到别人家晾晒的衣服、床单、凉席、枕头罩，甚至一条晾衣绳，大到别人的三轮车、电动车。虽然经常有人投诉，但是屡禁不绝，于是那里被人们称为"真正的穷人区"。

为什么这么说？因为这些人精神上穷啊！他们穷在鼠目寸光，穷在胸无大志，穷在极端自私，穷在自甘堕落而不知！如果说一个人"穷则独善其身""人穷志不穷"还能改变他的命运的话，那么这些人已经把那颗希望的种子抛弃了，已经无可救药了！

即使一个人能做到"穷则独善其身"，那么在发达之后能不能做到"兼济天下"呢？这也是考验一个君子的试金石。那些怀有高风亮节的君子，他们即使得到了无上的荣耀，也不视为自己的荣耀，而是把这些荣耀看作是天下人的荣耀；他们即使得到了最尊贵的地位，也不认为是自己尊贵，而看作是天下人尊贵；他们即使得到了物质上的满足，也不会沉溺于个人享受，而是秉持"为生民立命"的初心，"得志时恩惠施于百姓"，用自己的聪明才智造福于天下。

田家炳就是这样的一个君子。田家炳是中国香港的亿万富豪，人造革与化工行业的领军人物。当初他秉承实业救国的理念，一心想改变旧中国贫穷落后的面貌。刚刚起家的时候，一切都由他一人操持打理，他经历了别人难以体会的压力与艰难。但是，无论是苦是乐，田家炳都严守做人的底线，坚持信誉至上，质量第一。他先后创办的化工厂、塑料厂，很快站稳了脚跟，并且逐步成为同行业的龙头老大。

当他已经坐拥十几亿财富，事业处在巅峰的时候，也正是我国刚刚全面掀起改革开放大潮的时候。这个时候他突然认识到，虽然当时中国有13亿人口，但是中国的教育非常落后，他认为"中国的希望在教育"，于是他做出了一个新的决定——投资做教育！

说干就干！1982年，他捐出全部财富的80%，10多亿元，成立了公益基金会，接着又把这些公益基金变成了中国内地一座座拔地而起的学校。

30年来，他在全国累计捐助93所大学、166所中学、41所小学、约20所专业学校及幼儿园，大约1800家乡村学校图书室，并被誉为"中国百校之父"。

我们来看看田家炳这个当时地位和声望无比显赫的亿万富翁，在做教育之后，他的生活发生了哪些变化？

他把原先自己住的豪华别墅卖掉捐给基金会之后，搬到了出租屋居住。为了把每一元都节省下来做教育，他不买专车，每天坐地铁上下班；一双鞋子穿了10年，袜子补了又补。

一个人的富有，不一定体现在物质上，还体现在精神上、品德上！

接下来我要说的另一个人，是中国女排的后起之秀，即现在的女排队长朱婷。

朱婷来自河南周口农村，虽然她的家庭条件极其一般，但她在父母的教导下阳光、孝顺、勤快、泼辣，少有女孩子的娇气。

自从朱婷进入国家队后，屡屡建立功勋，她个人也有了2000万元的积蓄。

但是前几年，她把这些钱都花光了，花到哪里去了？让我们看看她的支出账目：

第一笔，为报答父母的养育之恩，她花60万元为父母在城市买了一套房子。

第二笔，为了减轻父母的负担，她为妹妹留足了读大学的费用。

第三笔，为了资助家乡的发展，朱婷独自出资修建了一条柏油路，全长近20公里，耗资达800多万元。

第四笔，朱婷考虑到家乡年迈的老人养老需要好的生活条件，又出资110万元捐建了一所养老院。

第五笔，出资建了一所希望小学，帮助那些读不起书的孩子读书。

第六笔，出资建了一所排球学校，添置了训练设施，希望那些爱好排球的学生自小就有一个实现梦想的摇篮。

最让人感动的是，朱婷捐建养老院和学校的时候，政府工作人员曾询问她是否以她的名字命名，被她拒绝了。她说："用我的名字干啥，用国家的名字就行了。"

不到两年的时间她几乎花光了2000万元积蓄。她没有用这些钱为自己购置豪宅、豪车，更没有四处炫耀、沽名钓誉，而是将绝大部分资金毫不犹豫地回馈给了家乡的建设、乡亲父老和学弟学妹们，这算不算是"达则兼济天下"呢？

这类君子，他们知道自己的人生价值和担当，因此他们是一群无论面对成功还是失败，顺境还是逆境，都能快乐面对不会轻易认"尿"的人；他们是胸怀民族大义，把奉献放在前头，不计个人得失的人；他们是无论走到哪里都不斤斤计较，能与人和谐相处的人；他们是无论粗茶敝衣，还是高官厚禄，都能"穷则独善其身，达则兼济天下""以百姓之心为心"的人。

第十三节　补齐自己的"短板"

青少年正值迅速成长的时期，需要全方位发展，培养自己完美的人格，补齐自己的短板。

那么，什么是完美的人格？专家认为，完美人格的内容包括：

（1）能够专注于某些活动，在这些活动中是一个真正的参与者；（2）对父母、家人、朋友等有爱心，并有展现爱的能力；（3）有充分的自信心；（4）有足够的安全感；（5）不偏激，能够用全面的、联系的、发展的观点分析问题，处理问题；（6）能够胜任自己所承担的任务；（7）有自知之明，能够客观地认识自己；（8）有正确、坚定的价值观和公德心。

如何从青少年时期就建立健全完美的人格？关于这个问题，我认为就是一句话：不忘初心，客观地认识世界，正确地看待各种黑暗面和光明面，有意识地锤炼自己的逆商和情商，乐观地面对一切风雨坎坷。

为什么每年都有个别青少年轻生？就是因为他们的逆商太差了，对自己太娇惯了，人格不健全，不能客观地看待世界，缺少应对人生风雨的精神和智慧。一有小小的挫折，在别人看来是小事一桩，在他看来就像天塌下来、世界末日到了一般严重。

其实，天根本塌不下来。人生也完全不是他想象的那个样子。挫折就像某出京戏里说的："刚才还是电闪雷鸣，这一会儿怎么又风平浪静了？"挫折都是会很快过去的。它的到来对于那些有智慧、有准备、心理素质好的人来说只是一次历练而已。它是暂时的，风雨过后依旧是艳阳天！

每个人生来都有自己的特质，但那些不理想的特质可以通过后天合适的方法矫正过来。比如有的过于内向，有的感情脆弱，有的神经大条，有的性情急躁，有的反应缓慢，有的冒失多动，有的过于敏感，有的专注力差，有的倔强执拗，有的胆小怕事。有悟性的人认识到自己的特质存在问题，懂得用后天的学习及相应的方法来补救、矫正，就能使自己接近于完美的人格。

很多人不满意自己的性格过于内向，不善表达，其实，这也是可以通过自我调整加以改变的。

内向型性格的特点是不善交际、不善表达、性格孤僻，这种人往往过于敏感，情感脆弱，自卑，遇事容易钻牛角尖。如不及时纠正，碰到问题想不开，容易导致焦虑症或忧郁症。在以后的社交、恋爱、择业等方面往往会出现很多问题。假如你是这种情况，你可以这样试着改变。

首先，要坚信内向性格是可以改变的。用"我能行"等心理暗示的方法增加自信，主动与人交流，适时大胆表达，积极自我调整和改变。

其次，以"自我嘲讽"的幽默方式化解内向的问题。幽默需要智慧，必须多读好书。

再次，积极融入社交圈子，多与人交流、学习。多听取别人的善言忠告，不自以为是，不刚愎自用。利用各种机会提高表达能力，磨炼自己。比如参加各类演讲比赛、文艺表演、派对、聚餐等。

最后，学习各种礼仪知识，掌握了这方面的知识，就有了底气，言谈举止就不会无所适从了。

这样不断地磨炼，一个人从小形成的内向性格就会慢慢得到改变。

王光宗曾经有严重的口吃，小时候经常被玩伴嘲笑。

进入职场后，他依然自卑，不敢说话。在一次饭局上，有同事嘲笑他："你怎么像个哑巴啊！连句话都说不明白，就会吃，这辈子也没什么大出息了！"

王光宗被这句带有侮辱性的话激怒了，他在心中暗暗对自己说："谁说我没出息，我偏要证明给你们看。"

从那以后，他疯狂地钻研说话技巧，不断总结与不同人沟通的最佳话术，渐渐得出了一套属于自己的说话之道。

王光宗通过不懈努力，把短处变成了长处。在一次商务谈判中，他一举拿下1000万元的代理项目，为公司多争取了10倍的利益。由于他业绩突出，在一年的时间里晋升了4次，并获得了巨额奖金。

古代有个叫西门豹的人，为了克服自己性子太急的缺点，就在长期佩戴一片柔软而又有弹性的熟牛皮来时刻提醒自己遇事不要急躁（因为牛皮有舒缓的意思）；古代还有个叫董安于的人，因为自己的性子太慢，办事拖沓，就随身带一根弓弦样的饰物来提醒自己（因为弓弦有绷紧的意思）；有的人为克服自己口无遮拦的毛病，就佩戴一个捂住嘴巴的木猴，警示自己说话时要谨慎……这些都是古人行之有效的经验。

孔子说，舜从一个平民起身，不断积累道德涵养，终于成为帝王。殷纣王本为天子，但荒淫残暴，终于国灭身亡，这难道不是由各自的修养所导致的吗？

如果我们能早早认识到自己的短板所在，并积极地去补齐它，不断地完善自己的人格，那么"人皆可以为尧舜"这句话，说的不就是我们吗？

第十四节　堵住人性的 17 个漏洞

人类的思想里既有宝贵的光亮的方面，也有愚昧的丑陋的方面，而这些愚昧的丑陋的方面，都是阻碍和毁掉我们人生幸福的漏洞，这也是我们必须自觉自律的原因。

我个人认为，人性里有 17 个可怕的漏洞，需要我们自觉地堵住：

这 17 个漏洞分别是贪婪、侥幸、计较、妄语、大意、轻信、任性、健忘、懒惰、奢侈、怨恨、自私、虚荣、嫉妒、骄傲、冲动、怨天尤人。

贪婪（无度地贪图便宜）和侥幸，是最容易让人迷失原则的两个漏洞。它们让我们迷失本性，失去节操，不自觉地滑向罪恶的深渊，也是我们跌进骗子陷阱的主要原因。有人发出"心贪不见祸"的感慨，就是指贪婪的可怕和侥幸的可笑。

如果我们能自觉地在金钱、名利、情欲面前保持自律，抵制诱惑，把持住自己，就不会成为名缰利锁的奴隶，也就没有"聪明反被聪明误"的懊悔。

人心如路，越计较，越狭窄。遇事过于计较，会让我们目光短浅，心胸狭隘，人际关系矛盾丛生，痛苦接踵而来。计较的反面是宽容。对人越宽容，自己的人生之路越宽阔。不与君子计较，他会加倍奉还；不与小人计较，他会拿你无招。

妄语，即口无遮拦，说话不计后果，是招灾惹祸的根源。人若妄语，贻害无穷。口无遮拦的少年可以试试看，把你平时所说的话减少一半会怎样。

大意和轻信就像一对连体婴儿，都是对事情的严重后果考虑不足，是我们做事不稳、缺少智慧的表现，也是与人交往缺少"防人之心"的根源。如果在这方面多加警醒，我们做事成功的概率就会大大提高，损失也会少得多。

任性是我们损害人际关系、忤逆父母、引发事端又经常后悔莫及的主要原因，青少年应多多戒之！

健忘，让我们好了伤疤忘了痛，一而再再而三地犯同样的错误，是"贰过"不断的根源。这种健忘不是病理上的健忘，是那种"记吃不记打"的"没有脑子"的健忘。好多人刚刚结束痛苦，就又迎来新的痛苦，就是因为健忘。健忘让我们重复着曾经的错误，延缓了我们成功的进程。健忘还可能成为我们忘掉初心、忘掉梦想、迷失方向的毒药。

懒惰是让我们无原则地逃避责任，有辱使命，荒废时光，在不知不觉中落后于人的一种负能量。懒惰的人总是当时惬意万分，老来懊悔万分。

奢侈是指超出现有自身承担能力的消费。一个亿万富翁买一台120万元的保时捷不算奢侈，但是一个全家年收入总共只有4000元的贫困生却要去买一部5800元的苹果手机就是奢侈了。奢侈的消费观可能会让一个人步入犯罪的歧途，甚至把自己的人生搞得狼狈不堪。

怨恨，怨恨别人会让自己变得心胸狭隘、面目狰狞，内心万般痛苦又影响身体健康。只有放大格局，破除"我执"，换位思考，才能走出怨恨的泥沼。

自私，虽然人们或多或少都会自私，但是没有底线的自私，会变成损害他人利益的驱动力。只有好好养护"道心"，才会使我们的自私变得可爱一点儿。

虚荣，导致我们"死要面子活受罪"。很多无知的少年自杀，不是被困难压死的，而是被虚荣心害死的。

与金庸齐名的香港四大才子倪匡说过这么一段开人心智的话："在路上，常见有人跌了一跤，路人匆匆而过，至多投以一瞥而已，谁会在意？但是跌倒的人自己，却当作是一件大事，仿佛全世界都记得他曾在路上跌过一跤。绝大多数自己认为没有面子之极、不知如何下台才好的事，在人家看来，根本不是什么严重的事。"所以，我们无论什么时候都不要作茧自缚，让虚荣心害了自己。

嫉妒，是因己不如人而心生怨恨的表现。如果任由这种心态发展下去，后果可能会很可怕。

下面讲一个由嫉妒引发的惨案。

2018年6月初，网上爆出山东省淄博市某中学的一名学生杀害同班同学的惨案，促使他杀人的原因竟然是"杀了第一名，我就是第一名了"的嫉妒心。

根据被害人家属所述，凶手叶某经常在班级排名第二，十分嫉恨班级第一林某。在惨案发生之前，叶某就曾经威胁过林某："会考你只能考出4个B，若你考得成绩好于我，我绝对会把你杀了。"万万没想到，在林某又一次考了第一后，嫉妒心竟然让叶某付诸了行动。

难道这个14岁的少年不明白杀人是要受到惩处的吗？即使他未满18周岁，不用面临死刑，他以后的人生也毁掉了。即使他这一次真的拿到了第一名，可是天外有天，人上有人，以后还有全省第一、全国第一，他都能拿到吗？拿不到他也要杀人不成？这些道理他应该是知道的，但他的理智最终还是被嫉妒心冲昏了，变成了一个杀人的恶魔。

其实，嫉妒别人会使你自己从此不再优秀，而别人照样继续优秀。即使你的成绩更优秀了，但是你的品行低劣、心态阴暗，有着病态的不健康的人格，将来又能做成多大的事呢！

消除嫉妒心最好的办法就是：虚心地欣赏和学习对方的长处，把对方作为榜样，引为良师益友，"择其善者而从之"，然后"匍匐前进"，超过对方。

骄傲，骄傲使人膨胀，骄傲使人落后，骄傲的人会变得无知和丑陋，而且骄傲的人无论走到哪里都令人讨厌。人人都希望得到别人的认可和尊重，骄傲的人眼里却没有别人，他怎么能不令人讨厌？

冲动是人内心的魔鬼，是一个人缺乏修养的明显表现。冲动会让人失去理智，做出后悔莫及的事情。因此，在一个人沮丧、狂喜、怒不可遏的时候，最好记住不要轻易行动，不要轻易做决策。不冲动的方法是遇事"三思而行"，注意听从别人的劝诫。

怨天尤人，这是小人的眼界。出了问题，有了矛盾，总是把错误和责任推给别人，虽然自己当时轻松一些，但却无助于问题的解决，反而会使后遗症越来越多。

相信早一点儿认识和堵住上述人性漏洞，青少年犯错的概率就会大大降低，成功的概率也会大大提高，我们的人格也就越来越完善，人也会变得越来越成熟。

第十五节 "千磨万击还坚劲，任尔东西南北风"

我特别喜欢清代郑板桥题《竹石》的两句诗："千磨万击还坚劲，任尔东西南北风。"虽然竹子经常受到疾风暴雨、飞雪乱石等的打击，但仍乐观以对，愈挫愈坚。这也正是竹子受人喜爱的地方。

每个人的一生都伴随着各种各样的坎坷、风浪，不会一马平川、一顺到底。《止学》一书中说，人处困厄是正常的，命运顺利倒是出人意料的，把逆境转化为顺境，有所不为是关键。没有困厄的人生是不存在的，人人都会遭遇逆境。遇到逆境，意志消沉、感叹命运不济、自暴自弃，当然是不对的；但一味地冲撞、蛮干的做法也是不值得肯定和效仿的。因为当一个人越急于摆脱困境时，心智越急躁，越找不到方向，越不能想出好的办法。倘若抱有有所不为的心态，以静制动，以冷静沉着的态度面对困难，反而更容易找到解决问题的突破口。

我们应该如何心怀"任尔东西南北风"的心态，面对种种考验呢？

第一种人生考验是苦难。如果一个人的原生家庭非常贫穷，如果他不幸遭遇亲人逝世，如果他不慎遭人欺骗，如果他突患重病……他该怎么办？最好的办法是勇敢面对！挺过去！韦唯演唱的《上海一家人》里面有这样一句歌词："要生存先把泪擦干，走过去前面是个天"，直接道出了"人活着要勇于战胜苦难"这一真谛。

孔子、孟子都是幼年丧父，雷锋少年时期就成了孤儿，命运对他们可谓不公，但是他们都没有哀叹自己命运的不幸，而是更早地自强自立，活出了精彩。

第二种人生考验是挫折。青年作家卢思浩说："谁不曾浑身是伤，谁不曾彷徨迷惘？"只有经历，才能成长。而每一次挫折，都是向成功的靠近。

就像《西游记》里设了"八十一难"，人生路上会有各种风浪，不经历一定的考验，你就甭想"取到真经"。

一个孩子，遭到了父母的训斥、老师的批评，遇到了别人的误解、谣言的中伤，或者是考试发挥失常，怎么办？最好的办法是坦然面对，"泰山崩于前而色不变，猛虎逼于后而心不惊"，认真反省自己的失误，找到正确的处理方法，调动一切可以借助的力量，积极地去推动事情向好的方面发展。

第三种人生考验是顺境。孟子说："生于忧患而死于安乐。"这句话的意思是说，忧愁祸患足以使人生存下来，顺境和安逸享乐反倒使人灭亡。有些人能从苦难中挺过来，但是经不住顺境的考验，忘记了初心和使命，在顺境和安逸中慢慢放弃了梦想，不再继续努力。农民起义领袖李自成的失败，就是"死于安乐"的例子。

1644年春，李自成率起义军攻入北京，以为天下已定，大功告成，就开始享乐。起义军中的领袖们称帝的称帝，当太平宰相的当太平宰相，建造府邸的建造府邸，只图在皇城里好好过一把土皇帝的瘾，完全忘了"服务天下百姓""长治久安"的初心。当清兵入关，明朝武装卷土重来时，起义军立刻变得不堪一击，仓皇撤离。

但是，我们生活中有很多人很早就懂得"生于忧患而死于安乐"的道理，他们虽然家境优越，却能做到头脑清醒，目光长远，兢兢业业地走好人生的每一步。

"赌王"的儿子何猷（读yóu）君，18岁就考入了美国名校麻省理工学院。他经常在图书馆里埋头苦读到第二天凌晨5点，3年的时间读完了4年的功课。何猷君说："当你在睡梦中时，我一直在做事；当你在做事时，我已经付出了双倍于你的努力。"凭着日夜拼搏，他成为麻省理工最年轻的硕士。

何猷君虽然生活在一个拥有上百亿资产的家庭里，但他非常低调并十分努力。他会自己做饭，自己打扫房间；出门经常坐地铁，坐飞机选择经济舱，从来不乱花钱。

第四种人生考验是对成功的期待。任何成功都讲究众缘和合，不能急功近利，不能急于求成。众缘和合就是既需要人的主观努力，又需要物质准备，以及成熟的时机，缺少一个条件都不能成功。好多人在追寻梦想的道路上半途而废，究其原因，就是未能等到众缘和合，就急功近利过早行动，或是目光短浅过早放弃。

第五种人生考验是面对金钱和美色的诱惑。人应该是欲望的主人，而不应该成为欲望的奴隶。面对金钱和美色的诱惑,要保持清醒,不为欲望所动。一个人若没有担当和使命感,即使有了权力也会乱用,即使爬得再高也会跌下来。

春秋时期,有个宋国人偶然挖到了一块美玉,连忙跑去献给掌管工程建筑的当权人子罕。没想到子罕却执意不收。献玉的人笑着说:"这块宝玉,我悄悄拿给雕琢玉器的工匠鉴定过了,他认为这绝对是难得一见的珍宝,我才敢拿来敬献给您这样德高望重的人,大人您还是收下吧!"

子罕严肃地回答道:"我把洁身自爱、不贪图财物的操守视之为宝,你则把这块玉看作是宝。假如你把美玉给了我,我又贪婪地收下,我们两人岂不是都丧失了自己拥有的'宝'了吗?我们不如都保留自己认为最宝贵的东西吧!"子罕最终未收那块玉。

君子对待物质利益的正确处理方法是:不该归我所有的,再微小的东西我都不看一眼;应该归我所有的,再贵重的东西我也受之无愧。是否获取,一定要以是否符合道义为原则。这样做,到什么时候都不会出问题。

第十六节 "乾坤未定,你我都是黑马"

2019年夏天,某市一个高考考点的大门外,几位考生拉起了一条横幅,上面写着"乾坤未定,你我都是黑马"几个大字,让人感受到这代青年人拼搏的激情。

人生不能以一次成败论英雄。考大学是一个人计划内的路,但并不一定是你获得幸福唯一的路。如果你拼尽了全力没有考上大学,或者你所学的专业与自己的专长不符,那该怎么办?不要紧,当上帝给你关上一扇门的时候,一定会给你打开一扇窗。"乾坤未定,你我都是黑马!"

放平心态,看淡过往,不去在意别人怎么评价自己,重要的是自己怎么看待自己。一个人到高中毕业,才走了人生的四分之一,真正的精彩还在后头。

别人越瞧不起我们,我们越要发愤图强,做出成绩来给他们看;越是困难重重,越要咬着牙不忘自己的目标,不达目的决不罢休!

贝多芬拉小提琴时,他的老师说他绝不是一个当作曲家的料,但他后来成功了。

爱迪生小时候反应很慢，老师认为他没有学习能力，但后来他成了人类的功臣。

爱因斯坦4岁才会说话，7岁才会认字，但他后来创立了伟大的"相对论"。

达尔文在自传里透露："所有老师认为我资质平庸，与聪明不沾边。"但是他的"进化论"，震古烁今。

俄国作家列夫·托尔斯泰读大学时因成绩太差被退学，但是他写出了《战争与和平》《安娜·卡列尼娜》等里程碑式的巨著，是19世纪中期俄国批判现实主义作家、思想家、哲学家。

英国首相丘吉尔小学六年级曾经留过级，被称为"坏小子"，但是他从一个口吃少年到演讲高手，并成为二战期间的反法西斯领袖，真是"人不可貌相，海水不可斗量"！

没有读过大学的日本首富松下幸之助，是松下电器公司的创始人，只受过4年小学教育。他创办公司的7年之后，就成了日本收入最高的人。

提到贵州省最负盛名的产品，除了驰名中外的茅台酒，还有好吃的"老干妈辣椒酱"。

由于家里贫穷，"老干妈"创始人陶华碧从小到大没读过一天书，甚至连自己的名字都不会写。20岁时，为了生存，她去外地打工、摆地摊。1989年，陶华碧用省吃俭用积攒的一点儿钱在贵阳市开了家简陋的餐厅，专卖粉皮和冷面。为了佐餐，她尝试着用瘦里脊肉、辣椒碎、花椒等食材为主制作了一种辣椒酱，结果餐厅生意大好。由于她自制的辣椒酱口味独特，人们不吃她的凉粉也要买点儿带回家。于是她的辣椒酱名声越来越响，销量也越来越好。她经过市场调查后，放弃了餐厅，另租场地，扩招工人，干脆一心办起了"老干妈辣椒酱"加工厂。1997年8月，加工厂又升级扩大成了"贵阳老干妈风味食品有限责任公司"，很快走上了科学化管理的道路。2012年，"老干妈"年产值达到了33.7亿元，纳税4.3亿元，人均产值168.5万元。这一年，陶华碧以36亿元身家登上胡润中国富豪榜。

人的潜力不同，品性也会千差万别。能力强就做大事，能力弱就做小事。

小事做好了，做多了，也就成了大事。全国军民都要学习的雷锋，就是一个普通战士，他就是因为不断做好事为全国人民所敬佩。

全国劳动模范、高铁焊接专家李万君，就是一个普通的高中毕业生。他从一名普通焊工做起，练就了一手高超的技术，能将两根直径仅有3.2毫米的焊条分毫不差地焊接在一起，而且不留一丝痕迹。他焊接出来的动车车体，合格率100%，被评为2018年"大国工匠年度人物"。

人生路上，确有很多我们怎么努力也无法超越的事情，总有一些明明近在咫尺却怎样也拿不到的果子。这个时候，我们应当学会接受，学会拐弯，学会另辟蹊径，去寻找上帝留给我们的另一扇窗。只要我们满怀自信，轻轻一转身，那扇窗可能就在离我们不远的身后，走过去，就会找到属于你的那片风景。

"乾坤未定，你我都是黑马"！每个青少年都是早上八九点钟的太阳，前程势不可挡！

我非常喜欢成龙唱的那首歌《不要认为自己没有用》，其中的歌词非常令人振奋：

"很多时候我们都不知道，自己的价值是多少，我们应该做什么，这一生才不会浪费掉？……不要认为自己没有用，不要老是坐在那边看天空，如果你自己都不愿意动，还有谁可以帮助你成功？不要认为自己没有用，不要让自卑左右你向前冲，每个人的贡献都不同，也许你就是最好的那种！"

所有的看似意外，其实都有迹可循。所有光鲜的背后，都有着死磕到底的坚持。哪有什么一夜成名，其实都是百炼成钢！

发挥自己的特长，选准突破口，百折不挠地去追逐自己的梦想，到头来收获的可能不只是"草根逆袭"，说不定还会成为某个行业的"孙悟空"呢！

第十七节 "惟精惟一，允执厥中"

我们想要通过学习国学经典增加智慧，就一定要懂得和掌握学习国学经典的密码，这也是我们真正成为一个青少年君子的心法。

《尚书·大禹谟》里有一个"十六字心传"，已经薪火相传了几千年。它为什么能够相传几千年？因为这"十六字心传"就是我们掌握国学经典的密码，也就是中华文明传承的密码。这十六个字就是"人心惟危，道心惟微，惟精惟一，允执厥中"。

这个"心传密码"是尧把帝位传给舜以及舜把帝位传给禹时，所传承的治理天下的密码，也是华夏文明薪传至今的灵脉。我们掌握了这四句话的实质，历代的圣贤圣哲都在想什么、说什么、干什么，也就一目了然了。

"人心惟危，道心惟微"，意思是说人心是危险的，道心是微妙的。圣贤们认为人的心里都住着"人心"和"道心"这两个心。"人心"是指人的情欲，比如对声色犬马、功名利禄、奢靡享乐等的贪婪追求。贪欲之心还衍生出了嫉妒心、攀比心、好胜心、狂妄心等。这些贪欲心的存在和不时发作，容易把人引向危险的境地，所以说它"惟危"；"道心"也就是道义之心，即良知、良心、仁爱心、恻隐之心等。它对人的贪欲之心有警示、制衡和矫正的作用，但它的力量不是万能的，有时候甚至是微弱的，所以说"惟微"。

我们的"贪心"面对各种诱惑蠢蠢欲动时，假如"道心"很强大，就能阻止和匡正贪欲，使人心回归正道，不犯错误或者少犯错误；否则，一旦"贪心"的力量压过"道心"，人就会底线崩塌，失去自我，滑向邪恶。历史上所有的文明、进步，所有的光亮和辉煌，幸福和好运，都是由道义之心的引领、主导所带来的；同样，历史上所有的倒退、人祸，几乎都是由贪欲之心招致的，都是良心、道心、仁心、恻隐之心式微的结果。

我国历代圣贤留下的国学经典，都是在教我们如何认识道心，树立道心，传承道心，壮大道心；教我们如何超越"人心"，克服"人心"，驾驭"人心"，不让自己成为欲望的奴隶，让道心的光亮一直主导、照亮社会和引领每个人。我们每个有志之士应该做的，就是不断地强化自己的道心，护养自己的道心，抑制自己的"人心"，让"道心"始终超越"人心"。

道心怎么护养？"护"，就是孔子说的"非礼勿视，非礼勿听，非礼勿言，非礼勿动"，就是有意识地在"道心"与"人心"之间加上一个屏障，不让邪恶的因素腐蚀和戕害"道心"；"养"，就是滋养和壮大道心，就像农民为了锄草及时种上庄稼那样，让道心的根基和正能量在我们的身上越来越充实、丰盈，越来越强大，实现孔子所说的"从心所欲不逾矩"。

"惟精惟一"是说领悟和护养道心要精诚专一，"知行合一""始终如一"。

"允执厥中"，允是指诚信，执就是遵守，厥意为其，中指讲究中正。

"惟精惟一，允执厥中"这两句合起来，是要求我们言行真诚守信，不偏不倚，符合中正之道。

"人心惟危，道心惟微，惟精惟一，允执厥中"这十六个字翻译成通俗的白话就是：人心是危险难安的，道心力量有限。唯有精心体察，专心守住正义，才能自始至终保持清醒，抵御和远离各种贪欲的诱惑，时刻想着利益大众，利益社会，不偏不倚地走好自己的君子正路。

第十八节　给自己正能量

我国伟大的教育家孔子说："德之不修，学之不讲，闻义不能徙，不善不能改，是吾忧也。"（《论语》）这段话的意思是："德行不好好修养，学问不好好讲习，听到应该做的而不去做，有缺失不能立刻改正，是我的忧愁啊。"

孔子又说："不患无位，患所以立；不患莫己知，求为可知也。"（《论语》）这段话的意思是："不担心没有职位，担心的是没有立足社会的能力；不怕没有人知道自己，只要力求使自己成为能够被人知道的具有才德的人就行了。"

人生不过几十年，谁不想留下好的名声？可是，这需要我们不断地聚集正能量，不断地释放正能量，否则这个想法也只是一个"想法"而已。

读书，特别是读国学经典好书，是让我们人格优秀、生命增值、聚集正能量、改变命运的途径之一。而想着他人、利益他人、弘扬道义，是我们释放正能量的途径。

20世纪，中国出了一个风华绝代、才情横溢的才女林徽因。就是读书让她的名字响彻中华大地，让她的人生与别人迥异。

1904年，林徽因出生于一个赫赫有名的书香门第。祖父林孝恂是清朝翰林，堂叔林觉民是著名的"黄花岗七十二烈士"之一，父亲林长民是清末一代名吏，曾任北洋政府司法总长。但是，由于林家重男轻女的落后观念，作为长孙女的林徽因童年并不幸福。

由于林徽因的母亲没有为林家生育男孩，父亲便又娶了二房。二房为林家生下四男一女，得到林家的偏爱，而林徽因和母亲则备受冷落。没有读过书的母亲性格变得暴戾乖张，动辄拿林徽因撒气，因此林徽因的童年过得既黑暗又压抑。

但在林徽因稍稍懂事的时候，她接触到了国学经典。这些古圣先贤留给后人的书籍像一束光，把她的心渐渐照得明亮起来。为了摆脱生活的压抑和心灵的沼泽，她从书本中汲取知识，丰盈自己。

林徽因5岁开始读书，7岁开始作诗，8岁就会给长年在外忙碌的父亲写信。由于她特别懂事，引得父亲对她刮目相看，并对她寄予了特别的期望。

12岁时，因为她酷爱读书，父亲送她到北京培华女中接受了英国贵族教育。

16岁时，父亲赴欧洲考察时也把她带在身边。父亲在国外忙碌的大部分时间里，林徽因就独自一人拼命地读书。各类传统文化精华读物、英文报纸、小说、民间读物，让这个"兰心蕙质"的小女孩儿渐渐变得"非常了得"！

书籍的滋养和见识的积累，改变了林徽因的心境、气质和命运，不但让她的生活一片阳光，也让她成为中华人民共和国成立后建筑领域的一代大师。后来她还参与了天安门广场"人民英雄纪念碑"和"中华人民共和国国徽"的设计，在新中国建设的里程碑上刻下了不朽的一笔。

马克思曾说："人的本质就是你过去见过的人，经历过的事，以及读过的书的总和。"换句话说，你读什么样的书，就可能成为什么样的人。只要你读过了那类书，你的谈吐、气质、知识面等都会与没有读过那类书的人产生明显的差别。

孔子在《礼记·中庸》中说，爱好学习就接近智慧了，努力行善就接近仁爱了，知道羞耻就接近勇敢了。知道以上三点，就知道怎样修身养性了。因此，对那些值得好好读的书，就应该从少年时起，拿出一股拼劲，只要读不死，就往死里读！我们看看刘强东、俞敏洪、马云、李彦宏、马化腾、陆步轩这些人，哪一个不是通过读书腾飞起来的呢？

美国传奇诗人艾米莉·迪金森有这样一段诗："没有任何大船，能像书本一样，载着我们去大海远航；没有任何骏马，能像一页奔腾的诗行，把我们带向辽阔的远方……"既然书有这个功能，那么就让书籍变成我们的大船，变成我们的骏马，把我们带到远方。

"越努力，越幸运"，是一条真理。有时候别人不认可你，并不一定是你真的不行，只是你这棵树还没有长高到足以让别人一眼就能看到的程度。所以，你的任务就是不忘初心，怀揣梦想，朝着正确的方向，一直长，一直长，每天进步一点点，每天都有新发现。

据说能登上金字塔尖的动物只有两种：一种是老鹰，一种是蜗牛。老鹰之所以能做到，是因为它天赋好，能力强；蜗牛之所以能做到，是因为它明知自身平凡，却专心致志、一往无前。这两种动物都首先具备了"自己想要上去"的内动力。

如果我们能力强，就去当老鹰；如果我们能力弱，就去当蜗牛。然后就学着它们的样子，不断地给自己加载正能量，向着既定的目标，一直爬，一直爬，一直爬到金字塔顶尖为止。

那些没有上去的动物不是没有能力，而是受到了愚昧无知的蒙蔽和负能量的干扰而早早放弃了。

现实的世界诱惑很多，我们不可以不加辨别地去接触、去吸收。一个人应该最大限度地攫取和吸收正能量的东西，拒绝那些不应该看的、不应该听的、不应该说的、不应该做的负能量的事情，保护心灵少受干扰，保持梦想不受牵绊，像那只能力有限的蜗牛那样，一门心思地奔向自己的目的地。

第十九节　青少年修养箴言（二）

- 天下无易境，天下无难境；终身有乐处，终身有忧处。（《曾国藩日记》）
- 真正的快乐，不是拥有的多，而是计较的少。
- 上天不喜欢投机取巧的人，上天不喜欢自满和苛求完美的人，上天不喜欢疑心重、善变和不忠诚的人。
- 学业才识，不日进则日退，须随时随事留心着力为要。事无大小，均有一当然之理。即事穷理，何处非学？（左宗棠《与陶少云书》）
- 把人生的每一个机会都当成最后一次机会，怀着"只有一次，全力做好"的心态去完成。如果这一次没有成功，大不了从头再来！一次失败无所谓，把失败看成是成功之母。

- 不乱于心,不困于情。不畏将来,不念过往。(丰子恺)
- 在未成为大树之前,你先安心做好一棵小草。没有人鼓掌,也要努力生长;没有人心疼,也要无比坚强;没有人欣赏,也要自我芬芳。
- 世界上总有比你长得好看的人,也总有比你长得丑的人。相貌不同只是你区别于别人的一个标志,并不代表什么。如果你生得如花似玉,但是没有内涵,你照样被人瞧不起;如果你相貌平平,但德才兼备,你就是"英雄儿女"!
- 如果你觉得自己德行和才华可以担当大任,你就应该"当仁不让",这就是孔子认为的"以仁为任,无所谦让"。
- 山不转,路转;路不转,人转。只要心念一转,身处逆境也能成机遇。只要你心里拐个弯,就会路随心而转,柳暗花明。
- 人有三回九转,花有重谢重开,这是一种规律。
- 从长远看,我们做事没有失败,只有暂时没有成功。
- 人生的目标,在于向前,也在于拐弯;人生的成长,在于学习,也在于经历。走过人生的挫折,就会慢慢变得圆融。
- 人生没有笔直的路,有了光明一定会有黑暗;有了顺利一定会有挫折。辉煌的人生都是从黑暗与挫折中走出来的。
- 少年经不得顺境,中年经不得闲境,晚年经不得逆境。(曾国藩)
- 人生最大的成就就是从失败中站起来。
- 见到善行,就要恭谨自查,检视自己是否也具备了这种善念或德行;见到不善的行为,就要惊心警惕,检讨自己是否也存有这种恶念或恶行。
- 品格如同树木,名声如同树荫,我们常常考虑的是树荫,但却不知树木才是根本。(格罗斯)
- 贤者居世,以德自显。(司马光《温公家范》)
- 有德者虽年下于我,我必尊之;不肖者,虽年高于我,我必远之。(朱熹《家训》)
- 一个人不能太孤独,太孤独容易过分敏感,也容易出现思维偏差。
- 立场坚定、忠诚老实,比起工作能力强弱来更为重要。比如红军长征,那些一直跟着党坚持走到底的人,才是我党放心使用的种子。

- 人生的高度，不是你看清了多少事，而是你看轻了多少事；心灵的宽度，不是你认识了多少人，而是你包容了多少人。
- 做人，容万物，知进退！做人如山，望万物，而容万物。做人似水，能进退，而知进退。
- 生命，是一种回声。赠人玫瑰，手有余香。爱出爱必返，福往福必来。
- 知道了"受多大委屈成多大人物"的道理，也就不会再为受了一点儿委屈就心理失衡了。
- "知其雄，守其雌。""知雄"是知己知彼，对症下药；"守雌"是处后、守柔、含藏、内敛。假装不知，实际上清楚；假装不行动，实际上是因还不能行动，或需要待机而动。
- 智慧的人保身五律：①觉人之诈，不愤于言；②受人之侮，不动于色；③察人之过，不扬于他；④施人之惠，不记于心；⑤受人之恩，铭记于怀。
- 我们所能为自己做的最好的事情，就是去为他人多做点儿好事。
- 最完善的素养和品性是：拥有坦率之名声，保密之习惯，掩饰之善用，并且，在迫不得已时，还拥有一种伪装的能力。（培根《论人生》）
- 贪婪是一种毒药，只要你的欲望没有尽头，就永远不会快乐。因此说，珍惜当下所拥有的是一种智慧。
- 付出与获得大体是成正比的。经历多少苦难，就会有多少福报，所以我们在苦难面前一定要做强者而不是弱者。
- 人生的态度是，抱最大的希望，尽最大的努力，做最坏的打算。（柏拉图）
- 给自己一些时间，原谅做过很多傻事的自己，接受自己，爱自己。过去的都会过去，该来的都在路上，挥别错的才能和对的相逢。
- 告诉自己，不管现实有多惨不忍睹，你都要固执地相信这只是黎明前短暂的黑暗而已。
- 意志不纯正，则学识足以为害。（柏拉图）
- 有感恩之心又愿意帮助别人的人是最聪明的人。
- 造成我们痛苦的原因不是人类的欲望，而是无明的认知和不合正道的贪欲，而智慧浅薄和狭隘的眼光又是导致我们无明和贪欲的原因。用佛家的观点解释就是，人类的良知一旦觉醒，智慧便会涌来，无明就将退去，犹如太阳驱使黑暗退去一般照亮我们的心路。

- 每当我们觉得某件事是一个问题的时候，就是我们没有能力解决这个问题的时候。如果我们不断地学习，不断地提升或者超越自己，那么我们眼里的困难一定会少得多。
- 高度不够，看到的都是问题；格局太小，纠结的都是鸡毛蒜皮。提升高度，放大格局，才能成功。
- 可恨之人，必有可怜之处。
- 只有你用尽了所有的智慧和条件，才有资格说自己不好。

第四章 处世篇

第一节　积极结交良师益友，选对人生旅途搭档

我们最终会成为什么样的人，不仅取决于我们想要成为怎样的人，而且很大程度上取决于我们生活、学习、工作中那些离我们最近的、不得不在一起的人的水平和层次。这些人对我们的影响甚大。

一个人最大的运气，不是捡钱，也不是中奖，而是能不能在人生路上遇到或找到几个让自己受益匪浅的贵人、良师和益友，并且借助这些人的智慧和影响力走向更高的人生平台。

生命中的贵人，有时候不一定是你最好的朋友，也不一定是与你朝夕相处的家人，而是那些有正能量、有眼光、有智慧的人。他能给你一个全新的信息和观念，也许瞬间就改写了你的人生轨迹。这些人的价值像世间的珠宝一样不可忽略。

贵人就是能给人希望、给人方向、给人建议、给人智慧、给人力量、给人实际帮助的人。我们结交朋友首先应该多多结交这类人。

俗话说："一个好汉三个帮，一个篱笆三个桩。"一个坚强勇敢的人，仅凭单枪匹马闯天下，并不一定能成为好汉，需要有人帮助，他才能把事情办好。一个篱笆墙，需要有几根木桩帮它夯实或者支撑，才能结实牢固。能帮助你的人可能是你的师长、你的家人、你的同学、你的发小、你的配偶、你的同事、你的一言之师、你偶遇的人。

看看历史长河中的英雄，如刘邦、刘备、诸葛亮、曹操、李世民、朱元璋，哪一个是自己打天下的？还不是靠着一帮志同道合又忠贞不渝的人支持？

一个人一生要想做成一两件大事，必须依靠高人开悟、贵人相助、知己支持、对手激励、小人督促。

培根认为："友情有一种功效，就是使一个人的理智变得健全，犹如另一种功效是使情感健全一样。因为在情感方面，友情使人化狂风暴雨为和风细雨；而在理智方面，友情则使人走出黑暗和迷乱而见日光。这不仅是指得到朋友的忠告。其实，当一个心烦意乱的人与旁人沟通和交谈时，其心智与思绪将会澄

清而开放；他调动思想更为灵敏，组织思想更为有序，变得比其他时候更聪明。在这样的情形下，交谈一小时比沉思一天更有效。"因此我们一定要重视友情的作用。

培根还认为："缺乏真正的朋友，乃是地道的、可怜的孤独；没有真正的朋友，则世界不过是荒漠。"朋友的作用，真是太重要了。他们是方向的召唤，是心灵的共鸣，是思想的呼吸，是快乐的共享。

那些君子般的良师益友都是你可以依靠的人，他们总是在你旁边爱护你、帮助你、提醒你，希望你做出成绩，不希望你掉队，不愿意看到你有任何闪失。

人若是被贤能影响，就会有前进的榜样；被富人影响，就会有赚钱的欲望；被负能量的人影响，就不知不觉被他们偷走梦想。"蓬生麻中，不扶而直；白沙在涅，与之俱黑。"因此，接近正能量的人，远离负能量的人，让自己始终与一群能量满满的人同行非常重要。

既然贵人贤者如此重要，那么我们怎样做才能接触到这些人呢？建议如下：

一、首先是做好自己。做好自己，感召贵人喜欢你，吸引贵人靠拢你。贵人贤者都喜欢那些有着正向能量的人，所以，你若能够正直向上、志向高远又是个谦谦君子，那么你一定能够受到贵人的关注和青睐，获得他们的指点。

二、创造与高人接触的机会。要多参加高人的聚会、讲座等活动，聆听高人的教诲，分享他们的智慧。

三、拜高人为师。虚心向高人求教，到高人身边去做事，跟着高人学习。

四、时时不忘感恩贵人。当你感恩贵人时，你从贵人那里得到的教益会更多。想想看，有谁不愿意帮助那些懂得感恩的人呢？

五、不惜万里寻师求教。有经验证明，如果你想向哪个人拜师求教，即使他远在天边，只要通过最多六个中间人的接力介绍就能找到他了。找到后你就敬他，拜他为师，为他做事，向他请教，然后感恩他，报答他。

《三国演义》中刘备"三顾茅庐"请诸葛亮出山的故事已经告诉我们，用真诚和毅力去请教贵人，贵人一定不吝赐教，你的前途和人生就会变得不同寻常。

如果你身边突然出现了这样一个比你优秀的人，说明你的好运来了。你一定不要心生嫉妒，要紧紧抓住这个机会，与这个人交上朋友，敬他并谦卑地向他请教，让他带着你飞。你千万不要视而不见，或者自高自大，或者以邻为壑，错失良机。如果你抓不住这种机会，耽误了成长，那么你的损失不是很大吗？

那些贵人贤者也是人，不一定没有缺点，他们或许也有这样那样的毛病，只要不是品德方面的大毛病，就可以忽略不计。孔子说："三人行必有我师焉。择其善者而从之，其不善者而改之。"意思是说：在三个人里面，必定有在德行和智慧方面值得我们学习的人，要善于发现，善于学习；看到别人的缺点，就反省自身有没有同样的缺点，如果有，就自我警醒，加以改正。

一次，净空法师到外地去参加一个法会，时长一个月。当时这个讲学的法师知识渊博，很有名望，但是有一个很大的缺点——脾气差。正因如此，法会刚开讲时的200多位僧徒，不到10天就走掉了将近一半。有人劝净空法师也离开，可是净空法师没有同意。他的理由是，我们是来学知识的，不是来计较老师脾气的。他脾气不好是他的问题，我们不要计较他脾气好不好，只管把知识学到手才是最主要的。如果我们这次能够忍受这个老师，那么以后再遇见其他脾气不好的老师，也就能接受了。他就抱着这样的心态听完了全部课程，收获颇丰。

《红楼梦》第七十四回中，薛宝钗在她的《临江仙·柳絮》诗中说道："好风凭借力，送我上青云。"这句诗的意思是，善于借助外力，就能达到自己的目标，这是一件多么好的事情啊！这个"力"可能是良师益友，也可能是某位贤者的智慧。我们做事情要善于运用这些条件，不一定非要凭借自己的力量去单打独斗。

在这里，我想告诉青少年朋友这样一个道理：借助良师益友的智慧发展自己，是一个人快速成长的捷径。借别人的东西要还，而借别人的智慧是不用还的。

第二节 "益者三友，损者三友"

有人问股神巴菲特："您认为一个人最重要的品质是什么？"巴菲特说："靠谱，是比聪明更重要的品质。"说得真好！如果一个人为人处世都不诚信，你敢相信他、依赖他吗？

那么，什么样的人算是靠谱的人呢？

一是有德行、有良知的人。这种人能够坚守底线，遵纪守法不害人。

二是守道义、懂廉耻的人。这种人公私分明，取予有度，知行知止，不贪婪无度。

三是懂感恩、懂回报的人。这种人对别人的恩情念念不忘，懂得滴水之恩涌泉相报。他们是那种值得倾囊相助的人。

四是以和为贵、委曲求全的人。这种人讲究维护大局，给人一种安全感和凝聚力。

五是勇于担当、见义勇为的人。

六是自重自律、敢于认错、严于律己、宽以待人的人。

七是做事踏实、有责任心、不偷懒、不敷衍的人。

八是有爱心、愿意付出、公德心强的人。

九是重诺守信、说到做到的人。

十是博学多才，遇事有智慧、有办法，能够换位思考，善于处理棘手问题的人。

以上这十种人是靠谱的人。与这些人相处，你既能学到东西，又能得到帮助。

哪些人又是不靠谱的人？如下八种人是不靠谱的人，交往时应该识别清楚：

一是没志向、没智慧、没有使命感，又不愿学习的人。

二是不懂感恩报恩，甚至啃老、忤逆、忘恩负义的人。

三是不懂礼仪、不懂廉耻、缺少家教、恶习难改的人。

四是心理阴暗、生性残忍、目无法纪、没有底线的"垃圾人"。

五是挑拨是非、破坏团结、道德败坏的"老鼠屎"。

六是没有责任心、爱心、公德心的"人格残疾者"。

七是心胸狭隘、嫉妒心强的小人。

八是目光短浅、贪小便宜，又总是怨天尤人、不懂得自省的人。

孔子在《论语·季氏篇十六》中提出了"益者三友，损者三友"的标准。他认为，友直、友谅、友多闻，是益友；友便辟、友善柔、友便佞，是损友。

"友直"，就是善良正直，无须防备的朋友；

"友谅"，就是诚信无伪，宽宏大量，"君子之交淡如水"的朋友；

"友多闻"，就是读书很多，知识渊博，能给人智慧和指引方向的朋友。

"友便辟"，就是性情怪僻，心胸狭隘，处事好偏激，不好相处的朋友；

"友善柔"，就是没有主见，个性软弱，"烂泥扶不上墙"的朋友；

"友便佞"，就是没有真才实学，不讲道义原则，靠拍马逢迎、花言巧语、投机取巧为人处世，是一些成事不足败事有余的家伙。与这种人相处要特别当心。

我们除了要结交那些道德高尚、知识渊博、为人仁厚的贵人，也要结交那些心地善良、乐于助人、为人正直的朋友。因为这类朋友可能像你生活中的白开水，虽然不那么浓香，不那么甜蜜，却是不能离开的人。至于那些"友便辟、友善柔、友便佞"的损友，就擦亮眼睛，敬而远之，"冷在心里笑在面上"吧。

古人认为，品行不端之人不可交；口是心非之人不可结；倚富欺贫之人不可近；不知高低之人不可理；反复无情之人不可恋；饮酒不正之人不可请；读书明理之人不可轻；时运未至之人不可贱；孤儿寡母之家不可慢；忠厚老实之人不可欺。

曾国藩说："一生成败，皆关乎朋友之贤否，不可不慎也。"

这里给读者朋友们讲一个"交友不慎，搭上母亲性命"的真实故事：

2007年7月，云南省晋宁县某中学的李某结交了同班同学王某。7月29日下午2点多钟，15岁的王某又来到李某家找李某玩，当时李某不在，只有李某的母亲赵某在家。王某想着自己前几天因和别人打架欠了对方的钱，就开口向赵某借钱。对于儿子同学王某的为人，母亲赵某早就了解甚多，知道他一向不好好学习，成天在外面惹是生非。曾经有一次，王某还怂恿自己的儿子将学校的玻璃打烂了，为这事自己还被学校领导找去责备了一番。本来心里就不舒服的赵某见王某小小年纪竟然开口向自己借钱，就以长辈的口气教训了他几句。按理说，对于赵某的好意，王某应该知错即改，感恩致谢才对。但王某是个自小缺少家教的孩子，平日连父母都说不得，哪里受得了这个？他听完后恼羞成怒地冲上前狠狠地掐住赵某的脖子。40多岁且身材矮小的赵某自然不是身材高大的王某的对手，很快就被掐得窒息而亡。王某逃离现场前还顺手拿走了赵某的400元钱和一部手机。

你以为只要愿意跟你交往的人就是你的朋友吗？非也！交友是把双刃剑，稍有不慎，也会把自己弄得遍体鳞伤！要想识别益友还是损友，那就好好学习交友之道吧。

《弟子规》中说:"能亲仁,无限好。德日进,过日少。"意思是说:能够亲近有德行的仁人君子,真是再好不过了,他们能使我们的德行一天天进步,过错一天天减少。

我们在日常生活中,每天都要接触许多人,而有的人身上的长处值得学习,只要我们多加观察,就可以辨别出哪些人可以做我们的良师益友。

山之高,是因为它不排斥每一块小石头;海之阔,是由于它聚集了千万条小溪流。如果一个人想具有高山般的情怀和大海般渊博的知识,就应该善于从生活中寻找各个时期、各个环境中的良师益友,学习他们的长处,使自己成长。

《弟子规》中又说:"不亲仁,无限害。小人进,百事坏。"这段话是说,如果我们拒绝亲近仁人君子,那么我们身上的正能量就会越来越少,小人就会乘虚而入,导致我们整个人生的失败。

当代国学大师南怀瑾先生认为:见人之善就学,是虚心好学的精神;见人之不善就引以为戒,反省自己,是自觉修养的精神。这样,无论我们周围的人善与不善,都可以成为我们的老师。

假如有人想跟你交朋友,你又没有智慧一眼看穿对方是益友还是损友,怎么办?你就听我一句话:先保持一定的心理距离,观察一段时间再说吧。

第三节 "君子喻于义,小人喻于利"

青少年很快就会长大成人、步入社会,比起相对单纯的学校,社会的水有点儿深。在这篇文章里,我要提前告诉青少年朋友一点儿成年才能用到的如何选择朋友、应对小人的方法。

在我们的现实生活中,除了有圣贤、君子和守法百姓外,还有一种人叫"小人"(也可以叫他们是"损友"或者"不靠谱的人"),他们无处不在。

"小人"就是"心量小的人"。这种人的价值观多是以损人利己为主,所以他们时不时地会给其他人或者社会造成不同程度的危害。这种人的比例虽然小,但是其危险性和破坏力却很大,我们必须具备识别他们的慧眼和战胜他们的方法。

那么,小人与君子的根本区别是什么呢?简单地说,根本区别就是孔子说的"君子喻于义，小人喻于利"。即君子关注的是道义，小人关注的是私利；君子为了道义可以奉献生命，而小人为了一点儿私利随时可能背叛道义，出卖朋友。君子和小人都有欲望，但是君子能够克制自己的不良欲望，而小人则不能。

下面让我们来两相对照看看君子和小人的不同面目：

君子胸襟坦荡，小人鼠肚鸡肠；君子崇尚道义，小人计较私利；君子唯理是求，小人唯利是图；君子顾全大局，小人拉帮结派；君子爱讲正理，小人偏说歪理；君子言行一致，小人阳奉阴违；君子追求和谐，小人存心捣乱；君子严于律己，小人暗算他人；君子总在明处，小人躲在暗处；君子不记人过，小人容易怨恨；君子顾及脸面，小人不计影响；君子老实做事，小人弄虚作假；君子适可而止，小人没完没了；君子温和如三月春风，小人狠毒如蛇蝎豺狼；君子知恩报恩，小人忘恩负义；君子总是善有善报，小人总是声名狼藉。

小人平日里不愿意学习，不提升自己的德行，没有真才实学，他们活下来的本事就是靠着狡诈和小聪明。他们想的和做的就是见利忘义，损人利己，嫉贤妒能，结党营私，造谣生事，挑拨离间，溜须拍马，阳奉阴违，见风转舵，落井下石，踩着别人的头顶往上爬。

小人为了烤熟一个苞米，不惜烧毁别人家的一栋房子；为了偷马路井盖换点儿小钱，置别人的生命安危于不顾；他们平时最善于装腔作势，借势唬人，但是一旦考察真本事的时候他们又像南郭先生一样狼狈开溜；国难临头的时候，这些人首先出卖民族利益，成为卖国求荣的汉奸和走狗；他们一听到枪响就尿裤子，一经利诱就出卖朋友，一遭遇恐吓就出卖灵魂，背信弃义，叛国投敌。比如以"莫须有"罪名杀害民族英雄岳飞的秦桧；再比如认贼作父出卖民族利益的大汉奸汪精卫、周佛海；还有为了自身利益出卖杨靖宇、江姐、许云峰等革命英雄的程斌、张秀峰、任达哉等败类。

虽然小人卑鄙无耻，为人处世不按常理出牌，心肠毒如蛇蝎，手段狠如豺狼，做事不计后果，为人没有底线，但是只要我们增长智慧，多加防范，就一定能让他们的图谋落空，化险为夷。

那么我们有没有与这类小人斗智斗勇的具体方法呢？有！方法如下：

①跟他们少说真话，冷在心里，笑在面上。②不主动和他们来往，也不

生硬拒绝来往或绝交，保持一定的心理距离。③不让他们掌握自己的重要信息。④不跟他们使小聪明，但可以用自己的真诚感化他们。⑤不占他们的便宜，不碰他们的既得利益，减少他们对你的嫉恨。⑥远离他们的圈子，绝不同流合污。⑦相信他们多行不义必自毙。⑧他们遭遇恶报时不帮忙，任其自食恶果。

总之，与小人和平共处，互不得罪，互不结怨，这是上策。

倘若小人不知好歹，得寸进尺地欺侮你，你该怎么办？你应该暗中联合一些正义的力量，在他惹得天怒人怨之际，"以其人之道，还治其人之身"，让他知道你的厉害！

小人在利用你的时候，常常像"东郭先生与狼"故事中的那匹狼一样突然开始甜言蜜语，有时候显得十分急迫，十分可怜，这些都是为了赢得你的同情。一旦他的奸计得逞，便会露出狼的本性，翻脸不认人，连救命之恩都不顾及。因此面对小人的讨好，请你不要信以为真，不要没了城府，不要被其利用。这时最好的应对办法一是装傻；二是沉默；三是察言观色，看他的最终目的是什么。持此三点你便可掌握主动权。

台湾教授曾仕强告诉我们，考察一个人可以看他的眼睛。一个人与你说话的时候总是低着头，对你的目光躲躲闪闪，那他很可能就是心怀鬼胎的小人。否则他会堂堂正正直视着你的眼睛与你说话。

当然，青少年的"三观"正在形成，不会这么复杂。因此，对待那些有问题的青少年，应尽量帮助他走上正道，而不是眼看着他步入歧途。《弟子规》中说："善相劝，德皆建；过不规，道两亏。"你的善意规劝使得别人迁善改过，本身就是一种善行。但是需要注意的是，你在规劝他的时候，首先要让他理解你的善意，再根据他的接受程度由浅入深地进行。多点化，少直谏。

对于那些已经表现出上述苗头的小人，问题的源头往往来自其三观不正的父母。如果你想改变这个人，就要改变他的父母，所以比较难。

"小人到底能不能改好？"我的答案是："能改好。"但主要是依靠内因而不是外因。这个内因是什么？一是他自我上进，自我学习，自我修行。如果小人通过学习国学经典在自己身上种下了积极的种子，再加上榜样的影响，他就可能很快回归正途；二是当他感到作恶的成本太高，是一件得不偿失的事情的时候，也会长记性，改邪归正。

第四节 "害人之心不可有，防人之心不可无"

"害人之心不可有，防人之心不可无"，这是明代思想家洪应明的作品《菜根谭》里的一句话。

人的一生什么情况都可能遇到。比如你的同学为了名次而嫉妒你，你的同事为了争夺职位而陷害你，你的同行为了市场利益而挤对你，你的朋友为了私利而抛弃你，你的配偶为了欲望而背叛你……如果遇到这些情况你怎么办？你一定要想到这些事情都可能发生，然后掌握充足的智慧去应对它。

社会由形形色色的人组成，有光明也有黑暗，有善行也有欺骗。总有一些不法之徒、害群之马夹杂在人群中，不讲信义，不知廉耻，害人害己。

华为的创始人任正非，大学毕业后成了一名基建工程兵，直到39岁这年，才从部队转业进入一家国企当经理。他本想在这个岗位上大干一场，没想到一个小人看准了他单纯耿直的性格特点，在一笔生意中卷走200多万元货款跑路了。那时候，他自己的月工资不到100元。这次毁灭性的打击，不仅直接导致了他被单位除名，还被要求还清200万元的债务。

联想集团的创始人柳传志，1984年拿着20万元启动资金创业，结果一个月内被一个骗子诓走了14万元；后来又在深圳被一个"忠厚"的潮州人骗走300万元。

京东的老板刘强东，也有过被骗的经历。早年他通过编程赚得第一桶金，开了一家小饭馆，结果由于员工侵吞店里的收入，最后亏了20万元。

导演贾樟柯在刚入行时靠写剧本赚生活费。一次他如约写完一部20集的剧本，对方只给他一箱杯子当报酬，理由是"谁让你不跟我签合同的"。

看到没有，这些活生生的事例都在清楚地告诉我们："人心险，险如上华山！"

路边的乞丐是不是全是真乞丐？现在我用以下三个案例来告诉你答案：

| 案例一 |

那年我与同事去一家公司办事。我们刚走到这家公司楼下，大楼门旁的花

池里突然蹿出一个中年妇女,双膝跪地对着我们号啕大哭,眼睛里露出乞求的目光,请求我们施舍。我们再看看她的旁边,站着一个 8 岁左右的小男孩(应该是她的儿子),男孩不看女子,而是面无表情地盯着我们。我立马判断出这是一个骗局。根据有二:一是这女子干嚎无泪;二是那男孩对女子的哭嚎无动于衷,这是不合情理的。后来,事实证明我的判断非常正确。

| 案例二 |

我的一个朋友陪家人去省医院看病。当他走到距离医院大门 50 米处时,见地上放着一套铺盖,铺盖里躺着一个头发花白的老者,一动不动。旁边一个铝盆里放着一些零碎的人民币和一本病历,还有一个 40 岁左右的男子守护在侧。我的朋友早就看多了社会上的各种诈骗伎俩,在他掏出手机正要拍下这个场景时,那个蹲在一旁的男子突然站起来厉声喝止:"不许拍照!"我朋友说:"我拍了帮你宣传宣传。"那个男子却气急败坏地破口大骂起来,并抓起地上的石头接二连三地砸我朋友。我朋友快速跑到省医院一楼的挂号大厅里报警。3 分钟后,警察赶到,但是那一对演双簧的骗子已经仓皇逃窜,不见了踪影。

| 案例三 |

2019 年底,网上疯传这样一段视频:一个穿着整齐、保养不错的 50 多岁的男子,用十分炫耀的口吻对他的熟人(视频拍摄者)说:"我在外面每天不用干苦力就能讨到 1000 元以上,每个月平均 3 万元不成问题,轻松得很。真的,我不骗你。"

朋友们,看了这三个案例,你还觉得那些乞讨者是真的活不下去的"穷人"吗?他们真的需要我们怜悯吗?

米列说:"越是善良的人,越觉察不出别人的居心不良。"在这个复杂的社会里,你若是低估了骗子的智慧,又缺乏防人之心,那么你离栽大跟头就不远了。

俗话说,篱笆夹得紧,豺狼进不来。多一颗防人之心,堵塞"大意"和

"轻信"这两个漏洞，就是防止被骗最根本的办法了。

具体而言，防骗的有效方法有二：

第一是三思而行。怀疑本身就是一种对自己负责的态度。你不对自己负责，难道还让对方为你负责不成？

在来历不明的好处面前，保持淡定和应有的怀疑，是一种成熟的表现。你要想，凭什么这个"大馅饼"就砸到我的头上？对方这样做的目的是什么？他会损失什么？他又会得到什么？他说的有根据吗？如果找不到答案，那么你就先停下来考虑清楚了再说；如果对方拿不出充分的理由又不给你思考的机会，那么就让自己采用保护思维——"三思而后行"吧。

第二是防范。防范的好处是最大限度地保护自己的利益不受损失。

防范的形式有多种，首先就是迅速向那些有经验或者有智慧的人打听这种事情的可靠性。如果别人都上过当，你还去踩那个陷阱做什么？其次，若对方向你借钱，请对方"拿出一个让我相信的姿态"。比如，如果对方是一个言而有信的人，他应该主动与你立下字据并约定还款时间。

在这个人性极为复杂的社会里，没有边界的心软和善施，会让坏人得寸进尺；毫无原则的信任，往往会让对方为所欲为。我们做事情的时候不加防备，一厢情愿地轻信别人，或者做事说话透风冒气，就会被坏人摸透我们的底牌，利用我们的善良，没准你被出卖了还在傻傻地帮人家数钱呢。

第五节　机智地应对不法侵害

《弟子规》教导我们说："凡是人，皆须爱。天同覆，地同载。"这是告诉我们要真心地爱别人，不要害别人。大家都是兄弟姐妹，同学同胞，为什么要欺凌别人，伤害别人呢？但是，理论是理论，现实是现实。这些年在青少年中不断出现的欺凌行为以及社会上出现的各色"垃圾人"无故致人死亡的事件，又告诉我们必须保持警惕，机智地应对。

我们不妨先来看看什么是校园欺凌，以及目前欺凌表现出的几种形式——校园欺凌是指在校园中出现的语言羞辱和敲诈勒索，甚至殴打别人的精神暴力、语言暴力、肢体暴力等行为。这些行为发生在校园内，学生上学或放学途中，甚至发生在学校的教育活动中。欺凌者（包括同学、校外人员或个别老师）滥用权势以及语言、肢体、网络、器械等，针对学生的生理、心理、名誉、权利、财产等实施的达成某种程度的侵害行为，都属于校园欺凌。

校园欺凌行为主要表现在：

骂：辱骂、中伤、讥讽、贬抑受害者；

打：殴打受害者；

吓：恐吓、威胁、逼迫受害者；

毁：损坏受害者的书本、衣物等个人财产；

传：网上对受害者制造谣言，进行人身攻击。

对于违背人性、野蛮违法的校园欺凌，我们应该做到：不参与，不围观；旗帜鲜明地出面制止校园欺凌行为，帮助被欺凌者；主动安慰被欺凌者。

若校园欺凌行为发生在自己身上，我们该怎么办呢？

面对一对一的校园欺凌行为，专家给出的应对建议是：以其人之道还治其人之身。

（1）严厉斥责。面对即将发生的欺凌行为，严厉地制止对方。

可以用眼睛盯着对方大声说："不许欺负人，不许打人，打人我对你不客气！"你这样做，既是震慑对方，又能告诉周边的其他人这里有情况，好让更多的人谴责对方，一起制止欺凌者。

（2）立即回击。即"以其人之道还治其人之身"！

如果斥责对方未起作用，对方还是出手了怎么办？如果自己能力允许的话应立即打回去！即在一两秒钟内迅速出手给对方以猝不及防的还击。这叫"人不犯我，我不犯人；人若犯我，我必犯人"，也是"以直报怨"的正当防卫行为。

（3）迅速撤离。然后向有关人员报案。

一旦对方住手，就快速离开现场，并迅速找老师或保安陈述经过，让他们知道事情的来龙去脉并介入其中。这种事情就是，先打人的理亏，后还击的占理。

面对多人欺凌怎么办？专家给出的应对建议是：

（1）依附集体规避。

平时要未雨绸缪，注意建立自己的人脉圈（至少要有1～3个好友）。一旦发现有被欺凌的苗头，上学下学时尽可能结伴而行，以便在发生不测之时求助。

（2）机智应对。

当威胁与暴力来临之际，受欺凌者又手无寸铁，这时在心里要坚信邪不压正，相信大多数的同学与老师会坚定地站在自己一方，因此不要害怕。所谓机智应对，就是不乱接话头，不激化矛盾，想办法缓解气氛，以理服人，化解危机，或者分散对方的注意力，促使事情向好的方面转化。

（3）快速跑开。

在对方有备而来，心知寡不敌众，判定自己可能吃亏的情况下，要快速机智地逃离现场，以免遭受侵害。随后要立即告诉老师、父母以及警察该次事件的经过，促使问题得到彻底解决。

遇到那些社会上的"垃圾人"怎么办？

首先让我们来认识一下什么是"垃圾人"。"垃圾人"就是那些心理阴暗，身上充满了戾气和各种垃圾情绪的人。他们三观不正，心态严重扭曲，不能正确地摆正他人和自己的位置，总觉得整个世界都像欠了他的，满腹牢骚，脾气暴躁，出手不计后果。

2016年11月3日，发生了一起震惊中日两国的"江歌惨案"。中国留学生刘某为躲避前男友陈世峰的纠缠，借住在江歌所租的日本东京中野区的住处。这天陈世峰又来纠缠，为了保护刘某免受侵害，江歌便主动出面对陈世峰好言相劝。没承想本性凶残的陈世峰竟然举起匕首刺向了江歌。而躲在门里的刘某听到江歌呼救，不但不想法施救，反而将救命恩人死死地拒于门外，江歌就这样最终毙命。

真不幸啊！江歌这个侠义心肠的青岛女孩竟然同时遇上了两个"垃圾人"！

案件给我们留下了几大教训：一是不要企图跟凶残强大的对手讲道理；二是在救援别人时首先要想到保护好自己；三是交友要瞪大眼睛，帮人要看对象。那些不懂感恩的"垃圾人"不帮也罢！四是朋友关系再好，也不要过深地介入别人的恩怨纠葛。

别惹目光凶狠的人，避开戾气十足的人，不理满身酒气的人。遇事先考虑保护好自己，能脱身就脱身，能报警就报警。学会预判危险，机智规避风险，才是一个有智慧的人。

第六节 "以德报德，以直报怨"

《论语·宪问》中有这样一段话："或曰：'以德报怨，何如？'子曰：'何以报德？以直报怨，以德报德。'"这段话的意思是，有人问："用善行回报恶行，怎么样？"孔子说："那么用什么回报善行呢？应当用等值的代价回报恶行，用善行回报善行。"

"以直报怨，以德报德"，是孔子教给我们的一个为人处世原则。按照这个原则，对于那些给予我们恩德的人，一定要记得"以德报德"，让帮助我们的人得到鼓励；而对于那些伤害我们的人，既不该"以怨报怨"（因为那样就把自己也变成了小人），也不必"以德报怨"（因为"以德报怨，何以报德"），而是要"以直报怨"。什么叫"以直报怨"？就是按照公平正义的准则或法律，该让他受什么惩罚，就给他等值的惩罚。当然，这个"等值"其实是比他给别人造成的损失还要多一些。比如，一个窃贼偷了别人 800 元钱，处罚他的时候，除了要求他退还这 800 元钱，一般还要再加以行政拘留 10 日的处罚；处罚一个造谣诬陷别人的人，不应该只让他承认错误就可以了，还要让他登报向对方致歉，在一定范围内消除影响，让造谣者本人的名声受损。这样处理才能达到惩罚邪恶、维护公正的目的。

理解"以直报怨"中的这个"直"，还要弄清这样一个问题：如果你认为"伤害"到你的这个人是按照政策或正义来办事的，那就说明人家是做对了，你根本就不应该对人家产生怨恨而去惩罚人家，而应当赶快承认错误，迁善改过，不掩饰，不"贰过"，不报复。反之，如果那个人确实有过错，严重伤害了你的合法利益，损害了社会公理，也不要因为怕他而放过他。所以，"以直报怨"中的这个"直"就是秉持公平正义，强调道义准则，是坚持以道德和法律为准绳。

我们平时说的"恶有恶报""你不仁，我就不义""人不犯我，我不犯人；人若犯我，我必犯人""杀人偿命"等，都是属于"以直报怨"。

对于那些无关重大原则的矛盾，究人过，不如念人恩，至少留下美好；念人错，不如想人好，至少心生愉悦。

"恩欲报，怨欲忘；报怨短，报恩长。"（《弟子规》）每个人都要让感恩报德成为自己的一种素养。一个知道报恩的人，不会因与别人有点儿小的磕碰就抹掉人家的恩德不报；不以别人有小的缺点就把别人看得一无是处。相互间有了磕碰时，多想想人家曾经对自己的大恩，在心里念叨一声"人家以前有恩于我，我还计较什么呢"，就过去了。

农民歌星朱之文出名后给村里修了一条"之文路"，但一天夜里有人把路碑给砸了。有人问朱之文是不是很生气，朱之文说，自己小的时候父亲去世，家里只有母亲一人拉扯着他和妹妹艰难地生活。有一年过春节，村里有个大姐知道他们没钱过年，就悄悄送了200元钱让他们过了个开心年。朱之文说："别人砸了我的路碑，我当然有点儿生气，但是想想我家曾经受到了乡亲们的照顾，不应该只记得乡亲们的不好，还应当多想想乡亲们的好！这样一想，心里也就不难过了。"

我们的每一步成长，都离不开别人的关爱和帮助，因此我们一定要怀着一颗感恩的心来回馈他人、回馈社会，踏实地过好每一天。

哪些是我们应该感恩报德的人？

一是父母，二是圣贤，三是众生，四是国土。父母恩要回报，众生恩不能忘，圣贤之道要弘扬，祖国建设要出力。

这个世界上本来就没有谁必须帮助谁的道理，哪怕是举手之劳，一点儿钱，一句话，一个眼神，一个计策，一个无言的拥抱，曾经给你的温暖，对你来说，一定要铭记在心，不忘报答。

这些人是我们在生活中必须远离的人：不顾事实昧着良心诬陷你的人；在你遭难时往你伤口上撒盐的人；利用你的善良愚弄欺骗你的人；在你危难时背叛你的人；在你富贵时谄媚你的人；有可能突然带给你灾难的人。这些小人，只要他们没有悔过，没有对你表示歉意，甚至还把你当作傻子继续愚弄，请记住，离他们越远越好。远离后不一定要寻找机会报复他们，而是要从心里与他们决断，不再继续受伤害，不再纠结痛苦。这也是对自己的一种保护。

总之，我们不能对恩人失去感恩之心，那样会让我们人格打折；也不能跟小人毫无距离，恩怨不分，那会让我们吃亏不断。

下面让我们来看看一个不懂感恩的人有多可怕——

2017年的杭州保姆纵火案可谓轰动全国。为什么保姆要纵火？不懂感恩！

林先生给保姆莫焕晶每月7500元的佣金已不算低了，而且待她不薄，出门办事有车接送，把她当家人一样看待，她说家里要买房子，林先生二话没说就借给她11.4万块钱。

但是，不懂感恩的小人，你越对她好，她就越得寸进尺。莫焕晶嗜赌，又总是输。为了筹集赌资，她多次盗窃林家的金器、手表等贵重物品抵押典当想翻本，可是越陷越深。为了掩盖她的盗窃事实，莫焕晶决定通过先放火再灭火的方式以"救命恩人"的形象博得雇主的感激，以便再次开口借钱，同时也能达到掩盖盗窃的目的。结果没想到火势越烧越猛，莫焕晶被吓得仓皇逃走，结果林先生的妻子和三个孩子全部遇难。

"人心不足蛇吞象"，不懂感恩，真是人性中的大恶啊！

那些懂得感恩的人，别人就会愿意更多地帮助他；而那些不懂感恩的"白眼狼"，人们就不再愿意帮助他。其实，不懂感恩的人才是世界上最愚蠢的人。

大恩不言"谢"。对于养育之恩、救命之恩、再造之恩、提携之恩等大恩，要用毕生的行动来报答对方，不是一句"谢谢"就能过去的。

报恩讲究对等。"你救我一命，我还你一命""你把我养大，我为你养老"，这是中国传统伦理道德中最基本的要求。

卢梭说："没有感恩，就没有真正的美德。"那些花着父母的钱，只懂自己享受快乐，不懂父母辛酸，不舍得为亲情付出一分一毫的人，不光没有感恩的美德，简直就是泯灭良知。

做人一定要记住，帮助过我们的人不能忘，深爱过我们的人不能恨，信任过我们的人不能骗。

教给我们道德的人，要谦恭地拜他为师；教给我们技能的人，要长期地敬仰他们；救我们于危难的人，要把他看作是终身的贵人不忘报答；给我们鼓励又恰当地指引我们的人，是我们的真心朋友；只一味地对我们阿谀奉承的人，是害我们的贼寇；当面或背后陷害别人的人，要多加防范。

第七节　岁月静好中不忘有人替我们负重前行

前人种树，后人乘凉。我们都是在父辈、祖辈辛苦付出的基础之上享受现在，开辟未来。

现在，我们生活在一个"仓廪实、衣食足、兵戈息"的和平年代，我们吃的、穿的、住的、行的，比起我们的父母、祖父母生活的那些个年代真是已经好到了天上。

青少年在享受着改革开放的巨大红利，想吃什么就吃什么，想穿什么就穿什么，想去哪儿玩就去哪儿玩。交流都用电话，旅游选择自驾，累了就做桑拿，影院就在自家。不止如此，我们还生活在世界上旅游和居住最安全的国家——我们伟大的祖国。

我们每天都享受着和平安逸，感觉着岁月静好，幸福的感觉越来越实在。可是，我们有没有想过，这些美好的生活是怎么实现的？我们要不要感恩那些为我们的"岁月静好"负重前行的英雄？

抗美援朝时期，无数先烈付出了宝贵的生命。影片《英雄儿女》中英雄战士王成双手紧握爆破筒，对报话机一遍又一遍高喊"向我开炮"的情节，就是根据当时战斗中的两位真实英雄蒋庆泉和于树昌的事迹改编而成。在1985年的一场军事行动中，韦昌进也同样冲战友喊出了"向我开炮"。

1985年7月，韦昌进所在的排负责守卫某无名高地。19日凌晨，敌军以两个营加强一个连的兵力向无名高地进攻，企图撕破我军防线。激战中，韦昌进被弹片击中左眼，穿透右胸，全身22处负伤，但他仍然强忍剧痛坚持战斗。眼看着身边4位战友相继牺牲，为了保住阵地，消灭敌人，他毅然用报话机向上级呼喊："为了祖国，为了胜利，向我开炮！向我开炮！"

"向我开炮"意味着什么？意味着牺牲。他想过要保全自己的生命吗？没有！他想的是国家的安全，百姓的安宁，是我军的胜利。韦昌进就是用这样的精神，用自己的生命引导炮兵先后打退敌军8次连排规模的反扑，他独自坚持战斗11个小时，牢牢地保住了阵地。

为了我们国家的安宁和人民生活的幸福，太多的英雄为我们负重前行。

"全国优秀共产党员"黄文秀，生前系中共广西壮族自治区百色市委宣传部副科长。2016年硕士研究生毕业后，黄文秀毅然放弃大城市的工作机会，自愿回到百色革命老区工作，并主动请缨到贫困村担任驻村第一书记，身先士卒做一个带领村民脱贫致富的拓荒牛。

自她 2018 年 3 月开始担任百坭村第一书记起，她始终把群众的愁苦冷暖放在心上，很快帮助百坭村探索出了一条适合其脱贫致富的道路——种植杉木、砂糖橘、八角等。在她的带领下，杉木种植面积从原来的 8000 余亩发展到 20000 余亩，砂糖橘从 1000 余亩发展到 2000 余亩，八角树从 600 余亩发展到 1800 余亩。另外百坭村还种植了优质枇杷 500 余亩，解决了 4 个屯的道路硬化，修建蓄水池 4 座，完成两个屯的路灯亮化工程。到 2019 年 6 月 17 日为止，短短一年多的时间里，百坭村的贫困发生率就由 22.88% 降至 2.71%，取得了贫困户户户有产业，村集体经济项目增收翻倍的骄人成绩。

可恨天妒英才，2019 年 6 月 17 日凌晨，黄文秀回家看望刚做完肝癌手术的父亲，后冒雨返回工作岗位时，因路上突发山洪不幸遇难，年仅 30 岁。

岁月静好的日子里，令我们想起来就感动不已、不能忘记的，还有那些牺牲在抗疫第一线的医护英雄。

2020 年春节前夕，一场突如其来的新型冠状病毒肺炎疫情瞬间爆发，打乱了人们的生活和工作节奏，武汉这个有着英雄传统的城市不幸沦为了重灾区。在人们都千方百计逃离武汉的时候，全国各地的医护人员却临危不惧，勇敢地站出来，负重逆行，驰援武汉。自 1 月 23 日开始，一共有 346 支医疗队，4.26 万名医护人员奔赴湖北，他们与当地 5 万余名医护人员肩并肩，跟疫情展开了殊死的决战。

这些英雄面对死神的威胁和越来越多的患者，用生命守护生命，用大爱诠释仁心，不计报酬，自始至终相互鼓励，没有一个人临阵退却。一位内蒙古援鄂女护士归来后在她的自述中这样写道：

"走出家门的那一刻，我已抱定誓死报国的决心。因为，国难当头，大疫当前，国家选择了我，我当逆行向前，绝不退缩！……"

这些被称作与死神抢夺生命的人，在援鄂的日子里，每天都超负荷工作，吃饭就在"战场"，睡觉席地而卧，身上穿着"尿不湿"，一天十多个小时下来，防护服内的衣服全部湿透，有的家人连打十多个问候电话都没工夫接听。尽管身体透支，极度疲惫，但面对着一个个感染的患者，他们没人叫苦！他们每天都在用自己钢铁般的意志引领着血肉之躯与死神硬磕着、较量着，连续奋战五十多个日日夜夜，从死神手中抢回了一个又一个宝贵的生命！

截至 2020 年 4 月 4 日，全国有 3000 多名医护人员不幸感染，有 60 名以身殉职。这些英雄中，李文亮是一位极具医德和才华的疫情"吹哨人"；彭银华本来已与未婚妻定下了春节期间举行婚礼，面对汹涌而来的疫情他毅然放下了婚礼返回战场；女医生夏思思则有一个刚满两岁的幼子……

鲁迅说："自古以来，我们就有埋头苦干的人，有拼命硬干的人，有为人民请命的人，有舍身求法的人……这就是中国人的脊梁！"

我们正是因为有了像于树昌、蒋庆泉、韦昌进、黄文秀、李文亮、彭银华、夏思思、张静静这样一不怕苦二不怕死的民族英雄，才有了今天这样的"岁月静好"，我们要不要感恩他们？

我们一定要明白一个道理：如果你觉得你活得很舒服，那是因为有很多人在默默地为你付出。如果你觉得很安全，那是因为有很多人在为你承担风险。我们一定要记住他们，感恩他们！

感恩他们，首先要把文化课学习好，把国学经典读好，把自己的工作做好，以这些英雄的崇高精神为榜样，用实际行动报效国家。

"国家兴亡，我的责任！"作为青少年，哪些是"我的责任"？努力学习，我的责任！遵守各种规章制度，我的责任！把自己的本职工作做好，我的责任！不给别人和社会添乱，我的责任！以自己的能力最大限度地服务他人，我的责任！

每个青少年都应经常扪心自问："我能为社会做些什么？""我哪里做得还不够？"只有这样做，我们才能不辜负那些为我们的美好生活负重前行的英雄和牺牲生命的先驱。

第八节 "勿以善小而不为，勿以恶小而为之"

人生有路千万条，但从性质上区分，大概可分为两条：一为行善，一为从恶。如果一个人不作恶，也就等于行善了。

为善好不好？当然好！你发善心，做善事，不光大家喜欢你，拥戴你，而且好的机会都在等着你。你发恶心，做恶事，效果就截然相反。所以佛家一再告诫我们要"诸恶莫作，众善奉行"。蜀汉皇帝刘备在离世的时候，专门对他的儿子刘禅反复叮嘱，要他"勿以善小而不为，勿以恶小而为之"（《三国志·蜀书·先主传》）。

何为善？何为恶？何为公？何为私？为人是公，为己是私。公近善，私近恶；有益于人是善，损人利己是恶；廉洁有守为善，贪财妄取是恶。《弟子规》中说："无心非，名为错。有心非，名为恶。过能改，归于无。倘掩饰，增一辜。"

所以，真诚地多为别人着想即是善，处心积虑地为自己攫取好处即是恶；有过能改是善，坚持错误或掩饰错误为恶。我们想做一个让人喜欢和尊敬的人，就应当近善去恶。

2020年初，新型冠状病毒肺炎疫情突袭武汉，并迅速向全国蔓延。在这国难当头的关键时刻，涌现出了很多感人肺腑的善人善行。

在浙江湖州，一名83岁的老汉来到社区掏出1万元钱，说："国家有难，我就要出份力。"工作人员让他留下名字，他说："要写名字，就写一名知恩者。"之后大家知道了这1万元钱是老人拾荒攒下的，就一起凑了1万元送给老人，岂知老人又将其捐给了武汉红十字会。

江苏江阴73岁的徐阿婆拿着积攒的9000元钱要捐给武汉。村支书考虑到老人家捡废品赚钱很辛苦，就婉言谢绝了。没想到阿婆当场急得掩面大哭，说："我这是救人的钱啊！"

疫情初期各地最抢手的是口罩。在这个节骨眼上，口罩能反映出一个人灵魂的高洁与肮脏。海南海口一家便利店的老板梁其旺，将到货的6万个口罩只送不卖，免费发放给市民，被顾客称为"民间英雄"。

同样是在海南海口，玖叶大药房的老板将3.4万个医用口罩免费发放给前来购买的人。他说了一句很感人的话："我们不发这个财！"

一个九零后的杭州男子，两天之内自掏腰包20万元送出口罩5万余个，送完后仍在联系货源继续购买，说只要有货了就继续送。后来人们打听到这位小伙子叫张霆，他是费了很大的周折才搞到这批口罩的。

还有一个让人感动的小伙子，他送了500个口罩到派出所，只说了句"谢谢你们，你们辛苦了！"然后转身就跑。民警们追不上小伙子，只好驻足敬礼以示感谢。

湖南常德一个名为郝进的村民，自愿把厂里给他抵工资的15000个医用口罩捐出来，当地政府提出出钱购买，却被他一口拒绝。

四川省隆昌市的女子陈雪燕，2020年1月26日在尼泊尔旅行期间听说国内抗疫一线口罩紧缺，当天就放弃了旅行，在当地药店买了5800个医用口罩，扔掉了随身携带的很多衣服、化妆品和洗漱用品，最大限度地腾出4个行李箱，于第二天（1月27日）回国免费发给一线医护人员、孕妇以及急需的人。

一对九零后情侣5天辗转马来西亚、印度，背回2万个医用口罩和200个护目镜，无偿捐赠给武汉市第九医院。

澳大利亚、南非、肯尼亚、美国、加拿大、印度尼西亚等地的华人华侨在抗疫的紧要关头，表现出了强烈的爱国热情，他们积极地捐钱捐物，甚至快把当地的口罩买光了，然后运回国内。有的人买了回国机票，但是人不上机，而是在自己的座位上摆满了一箱箱口罩。当地的居民感慨地说："这个民族太团结了，太令人感动了！"

即使历史上与我们曾有过恩怨的邻国日本，在这次武汉疫情暴发之初，他们的一些大超市或者便利药店里都用汉字写着"武汉加油""中国加油"的字样。只要是中国人可能光顾的商店，口罩的价格不涨反降，并在上面用中文写着："不谋不幸之灾，不敛不义之财！"日本在一些直接捐赠给武汉的药品和口罩的包装箱上还写上了"山川异域，风月同天""岂曰无衣，与子同裳"的字样。看了这些场面，不禁令人泪目！

上面这些闪着人性光辉的事迹，我们完全可以用"可歌可泣"四字来形容。

然而，国难当头，也是最能考验一个人人性善恶的时刻，在我们国内的某些地方出现了一些很不应该出现的"不和谐音符"。

在全国人民精诚团结、勠力同心抗击疫情的日子里，北京市某药店却趁机发国难财，将N95口罩从原来的143元（10只/盒）提价到了850元，涨幅近8倍，受到高额处罚；西安宝鸡凤翔县某药店也昧着良心将单个口罩涨价60倍，0.26元一个的简易口罩售价15元。当有人责问店家时，这家药店的店员还嚣张地说："你要买就买，不买就拉倒！"该店被重罚并依法吊销营业执照；海南文昌市某药品公司在进货成本无变化的前提下，借疫情大幅提高各类口罩销售价格，提价幅度为50%至433%，被监管部门重罚300万元；武汉市某小区的一位女士在电梯里不戴口罩，却反反复复地往电梯按键上吐口水，以此恶意报复社会。

什么叫"作恶"？这就叫"作恶"！在这些人的眼里没有道义，没有别人的生命安危，只有赤裸裸地见利忘义和损人利己。他们的行为，跟这些年来社会上出现的一些人骗人钱财、见死不救、碰瓷讹钱、拐卖人口、借钱不还以及生产销售各种假冒伪劣产品等违法行为在性质上有什么两样？

我见过这样一个小孩子，为了帮助爸爸把手中的烟蒂处理掉，一直拿在手里走了200多米才找到垃圾箱扔进去；还有的孩子为了保护环境，出门就随身带着塑料袋，随时准备把产生的垃圾放在里面妥善处理，绝不随地乱扔；有的少年路上遇见一棵被风吹倒的树，就使劲把它移到路边，以免影响人车通行；还有的少年把路边倒在地上的一片共享单车一辆辆扶起来，把脚撑坏了的单车拖靠在树干上才离去；有个女孩跟爸爸去餐厅吃饭，看到街上一个无家可归的老人，便将自己的饭送给了他。

无论什么时候，都要做一个善良的人。胸怀大爱，童叟无欺；老吾老以及人之老，幼吾幼以及人之幼。只有善良的人，才会成为受上天眷顾的人，也自然会"人皆敬之，天道佑之，福禄随之，众邪远之，神灵卫之，所作必成"。

其实做个"善人"并不难。躬身行善，随时随地，人皆可为。如果看到风雨中摆摊的是耄耋老人，所剩的东西又不多，不妨把东西全部买下来，让老人早点儿回家吧；自己随身产生的垃圾就不要随手乱扔，不要让清洁工为你的错误再弯一次腰；有同学遇到了委屈就给他一句关爱的话语，一个温暖的拥抱，一个鼓励的眼神，让他感觉到人间的温暖，快点儿挺过难关吧；如果你能救人一命，那就更是"胜造七级浮屠"了！

《周易·系辞下》中说："善不积，不足以成名；恶不积，不足以灭身。小人以小善为无益而弗为也，以小恶为无伤而弗去也。故恶积而不可掩，罪大而不可解。"这段话的意思是说，一个人不积累小的善行就不足以成就名声；不积累小的恶行就不会身败名裂。愚昧的小人认为小的善行是无益的就不愿意去做，认为小的恶行无伤大雅就不肯改掉，结果恶行逐渐积累，到了无法掩盖的地步，罪恶大到了无法消解的程度，最后只能灭亡。

如果一个人前半生一直在做好事，但是到了老年却做了很多坏事，我们为他盖棺论定的时候会说他就是坏人；如果一个人前面做了很多坏事，后来省悟过来痛改前非开始做好事，那么他去世后我们会说这个人是个好人。因为"过能改，归于无"啊！

每一次的善念，都是这个世界正能量的光芒；每一次的善行，都值得人们无限颂扬！既然从善与从恶的结果如此相去万里，那么我们为什么不从心里警醒，坚持拒恶从善呢？

第九节 "种什么因，得什么果"

"种什么因，得什么果"，是佛教因果报应的一个重要理念，同时也是大千世界里一条永恒不变的规律。

如果说一个人的好成绩、好政绩、好业绩是"果"的话，那么"因"一定是初心的坚持，是做人的磊落，是全力的付出，是正确方法的运用。一个人在渴望得到好"果"的时候，一定要多从"因"这个方面去下功夫，这样，所追求的"果"自然会水到渠成。相反，偷奸作弊，就是祸患之源。

生命是一种回声。谁付出了汗水，谁就会有好的成绩；谁把最好的给予大众，谁就会从大众那里获得最好的回报；我们帮助的人越多，得到的也就越多。

网上有一位叫"云中凤"的老师在谈到付出与收获的因果关系时这样写道："你所给予的，都会回到你身上！"

他说："不论你伤害谁，就长远来看，你都会伤害到你自己。或许你现在并没有觉知，但它一定会绕回来。

"凡你对别人所做的，就是对自己做，这是最伟大的教诲。

"不管你对别人做了什么，那个真正接收的人，并不是别人，而是你自己；同理，当你给予他人，当你为别人付出，那个真正获利的也不是别人，而是你自己。

"你给别人的，其实是给自己。

"你若想被爱，就要先去爱人；你期望被人关心，就要先去关心别人；你要想别人对你好，就要先对别人好。这是一个保证有效的秘方，适用于任何情况。

"如果你希望交到真心的朋友，你就必须先对朋友真心，然后你会发现朋友也会对你真心；如果你希望快乐，那就去带给别人快乐，不久你就会发现自己越来越快乐。

"我们所能为自己做的最好的事情，就是去为他人多做点儿好事。己所不欲，勿施于人。"

想想生活中那些已经发生的事，我们不能不承认"善有善报，恶有恶报"是一条强大的客观规律。我们想要获得幸福的人生，必须重视和遵循这条规律。

先说一个善有善报的真实例子：

一个初春的夜晚，大家已经熟睡，一对年迈的夫妻走进一家旅馆，可是旅馆已经客满。前台侍者不忍心深夜让这对老人再去找旅馆，就将他们引到一个房间，说："也许它不是最好的，但至少你们不用再奔波了。"老人看到整洁干净的屋子，就愉快地住了下来。

第二天，当他们要结账时侍者却说："不用了，因为你们住的是我的房间。祝你们旅途愉快！"原来，侍者自己在前台过了一个通宵。

老人十分感动地说："孩子，你是我见到过最好的旅店经营者。你会得到报答的。"侍者笑了笑，送老人出门，转身就忘了这件事。

有一天，他收到了一封信，里面还有一张去纽约的单程机票和聘请他做另一份工作的附言。他按信中所示来到一座金碧辉煌的大酒店。原来，那个深夜他接待的年迈夫妇是亿万富翁。富翁买下了这座大酒店，并深信他会经营好这个大酒店。这就是著名的希尔顿饭店首任经理的传奇故事。

因果其实就掌握在自己手中！

再说一个恶有恶报的真实例子：

张子强，在20世纪90年代的香港被称为"世纪贼王"，因为他设计和实施了两宗不同寻常的绑架案。

头一宗是绑架了当时香港首富李嘉诚的长子李泽钜。

1996年5月23日下午6点左右，张子强一伙身带武器强行绑架了李泽钜。然后他们打电话给李嘉诚索要赎金10亿元港币。在与李嘉诚见面之后，李嘉诚为了保住儿子，同意了他们的要求，并分两次付清勒索款项，换回了儿子李泽钜。

第二宗是绑架了香港"十大富豪"排名第二的郭炳湘。

尝到"甜头"的张子强没有就此收手,而是又利用突袭手段绑架了下班途中的郭炳湘,然后逼迫郭炳湘及家人交了赎金。

俗话说:天作孽犹可违,自作孽不可活。法网恢恢,疏而不漏,连续两宗绑架大案发生后,警方布下了天罗地网。张子强看到在香港待不下去,辗转跑到内地,于1998年1月25日在广东江门的外海大桥检查站被抓获。同年,他被内地政府判处死刑并立即执行。

坏人从来都是利令智昏、不计后果的。他们恶念一开,便再也无法刹车。所以,"多行不义必自毙"也就是必然了。

有人说,人生的路虽然漫长,但是紧要处往往只有几步,向善还是向恶,取决于他的"人心"强大还是"道心"强大,也决定了他将来人生有何种归宿。如果没有一颗坚守正能量的心,哪怕之前的路走得再光彩照人,当把持不住自己的时候,仍然可能坠入万丈深渊。

《曾国藩日记》中有这样一段话:"盗虚名者有不测之祸,负隐慝者有不测之祸,怀忮心(忮心,音 zhì xīn,指嫉恨之心)者有不测之祸。"此段话意思是说:盗窃虚名的人有想不到的祸患;心存邪念的人有想不到的祸患;心怀嫉妒心的人有想不到的祸患。这段话说的就是种瓜得瓜,种豆得豆,种什么因,得什么果的道理。

世界上很多事情是事后难以弥补的。既然如此,倒不如一开始就正其心,诚其意,不乱于怀,不惑于心,坚守善良,方得善报。

让我们记住《了凡四训》中的这段话吧:"人为善,福虽未至,祸已远离;人为恶,祸虽未至,福已远离。"

第十节 "天道无亲,常与善人"

"天道无亲,常与善人"一句出自《道德经》第七十九章。这句话的意思是说,天道是公平的,它有好事总是忘不了那些善良的为别人付出的人。一个人为了大众的利益作了奉献,付出很多,上天一定会补给他。所以,那些为了大众的利益甘愿"吃亏",不计报酬,默默奉献的人,一定不会吃亏的。

聪明的人都是把"吃亏"这种事看得很透彻的人。人世间有很多事情不会百分之百公平,要么你得的多一点儿,别人得的少一点儿;要么别人得的多一点儿,你得的少一点儿。你自己得的少一点儿,让别人得的多一点儿,那么你们的关系就很好相处,你们的友情也更加紧密;假如你让别人得的少一点儿,那么你就可能违背了道义,损害了德行,可能从此也就会少一个朋友。试想,谁愿意跟一个总是想让别人吃亏的人做朋友呢?这一多一少,涉及人品修养,又关系到今后的事业!所以,一事当前,是主动自己吃亏让利给别人,还是一定要自己先占到便宜才甘罢休?有眼光的人一定有自己的答案。

孔融小时候聪明好学,才思敏捷,大家都夸他是奇童。4岁时,他已能背诵许多诗赋,并且懂得礼节,父母亲非常喜爱他。

一天,父亲的朋友带了一些梨子给孔融兄弟们。父亲叫孔融分梨,孔融挑了个最小的梨子留给自己,其余按照长幼顺序分给兄弟。

孔融说:"我年纪小,应该吃小的梨,大梨该给哥哥们。"父亲听后十分惊喜,又问:"那弟弟也比你小啊?"孔融说:"因为弟弟比我小,所以我应该让着他。"孔融谦让的胸怀和在利益面前彰显悌道甘愿"吃亏"的精神,很快传遍了朝野。小孔融也成了许多父母教育子女的榜样。

懂得"吃亏",不光是一种修养,而且是一种睿智、豁达的处世态度。真正有智慧的人,一定会把道义放在前面,不会斤斤计较眼前的个人私利,患得患失。他们注重的是自己的人生目标和大格局,是道义的推行,是德行的圆满。

东汉初期有个在朝官吏叫甄宇,为人忠厚,遇事谦让。有一年除夕,皇上赐给群臣每人一只活羊。由于这批羊的个头有大有小,分配时,负责人犯了愁。这时有人主张把羊杀掉,然后均分,还有人主张抓阄。这时甄宇说:"分羊有这么费劲吗?我看每人随便牵走一只算了。"说完,他率先牵走了最瘦小的一只。而后众大臣纷纷效仿,不再计较大小,羊很快分发完毕。

这件事让甄宇获得了满朝文武的赞赏,此事传到光武帝耳中,在群臣的推荐下,甄宇再次得到朝廷的提拔。

无论是分梨还是分羊，孔融和甄宇表面上看好像是吃了亏，但最终却得到了别人的赞誉，成了人品的赢家。我们常说"吃亏是福"，就是这个道理！

真正有道德的人是知道一事当前先为别人着想的人，真正有智慧的人是懂得输棋给对手的人，真正有人缘的人是想着给别人留台阶的人。而那些喜欢斤斤计较的人，那些唯利是图的人，那些爱占小便宜的人，其实是最笨的人。他们表面看没有吃亏，可最终输掉的是人品、人脉、形象和口碑。这种人一生中往往缺少真诚的合作伙伴，更没有关键时刻肝胆相照的朋友。如果他们做事业，一定是"兔子尾巴长不了"。

虽说不怕吃亏、甘愿吃亏是君子的一种风范，一种修养，一种智慧，但下面这些"无明"的亏最好不吃：

一是不吃乱说话的亏（言多必失，祸从口出）；

二是不吃狂妄自大的亏（"不作死就不会死"）；

三是不吃不通人性的亏（该合作就合作，该感恩就感恩，在哪场捧哪场）；

四是不吃脾气暴躁、不能忍耐的亏（事缓则圆，处事冷静，三思而行）；

五是不吃胸无大志、自私贪婪的亏（目光短，走不远。要廉洁、自律、慎独）；

六是不吃心胸狭隘、睚眦必报的亏（要宽容、厚道、谦让）；

七是不吃信息不灵的亏（不停止学习，不封闭自己）；

八是不吃损友和小人的亏（防人之心不可无）；

九是不吃"垃圾人"的亏（远离"垃圾人"，保护好自己）；

十是不吃不能坚持、半途而废的亏（胜利往往在于再坚持一下的努力之中）；

十一是不吃片面、孤立、静止地看问题的亏（用全面的、联系的、发展的眼光看待问题，处理问题）；

十二是不吃刚愎自用、不听善言相劝、不能换位思考的亏（尊重别人的想法和建议）；

十三是不吃苛求十全十美的亏（金无足赤，人无完人，知足常乐，懂得珍惜）；

十四是不吃忽视身体健康，致使身体受损的亏（科学饮食，不贪口福，珍爱生命）。

第十一节　青少年为人处世箴言（一）

- 不学礼，无以立。（《论语》）
- 多给人添温暖，不给人添麻烦。
- 遇到冲突保持冷静，少说两句，是智者化解矛盾的法门。
- 化解遭受嫉妒的方法是保持谦卑；化解破财风险的方法是保持低调。
- 躲避强势没有比柔顺更好的了，修身养性没有比恭敬更重要的了。
- 拖延时间是压制恼怒的最好方式。（柏拉图）
- 通达人性就是讲恻隐心，讲同理心，讲换位思考，讲"己所不欲，勿施于人"。
- 在待人接物方面，一个"敬"字，一个"恕"字，可以贯穿始终。
- 你对父母、老师或领导有什么期待，请及早把话说出来。有话不说憋在心里，别人想帮都帮不上。
- "服从多数人，尊重少数人，包容个别人"，这是我们在这个时代应该遵循的处世规则。
- 在一些无关紧要的小事上要懂得听从别人，若不想这样，你就立马离开。
- 与人友好相处的智慧法则是：让小赢给对方，让利益给对方，让方便给对方，让面子给对方，让台阶给对方，让荣誉给对方，让虚荣心给对方。
- 做人一定要厚道，多"雪中送炭"，不"雪上加霜"。
- 见失意人不说得意话。
- 遇事能让则让，有难可帮就帮。谦让别人不是说明别人有多强大，而是说明你的内心有多强大。
- 交朋友的目的本来就是为了互相帮助，如果只是想自己得到好处，可能交不到朋友；如果是为了损人利己，可能会树立敌人；如果是得到了益处而不懂分享，那么还不如不交这个朋友。因为这样会让你声名狼藉。
- 听从个别朋友的忠告，从来都是得体的。（培根）
- 自重者人重之，自尊者人尊之，自爱者人爱之。你先自爱，别人才会更加爱你。

- "瓜田不纳履，李下不整冠。"虽然自己是个正人君子，心怀坦荡，但也要远离那些容易引起怀疑的是非和猜忌。这样可以断了小人造谣陷害你的依据。
- 我们应当有求同存异的胸襟，允许别人与自己观点不同，不要蛮横地强迫他人顺从自己的想法。"条条大路通罗马"，怎么能说别人的想法就没有一点儿道理？
- 试着去理解和接受别人的观点，是你开阔心胸、增长智慧、广交朋友的路径。
- 能设身处地为他人着想，了解别人心里想些什么的人，永远不用担心未来。
- 只有换位思考，才能更加全面地看问题和处理问题。这是处理人际关系的钥匙。
- 其实，一个人去报复他人，不过是把自己贬成和敌人一样坏罢了。而用原谅则高出一筹。因为原谅敌人乃是君子之风范。（培根《论报复》）
- 一个人能够做到说话让人喜欢，做事让人感动，做人让人想念，就很优秀了。
- 如果事与愿违，请相信上天一定另有安排。
- 如何实现和谐？答案是：多元包容，以和为贵。
- 见到人家得了嘉奖，有了好处，有了利益，不要害红眼病，也不要生出嫉妒心；要生随喜心，为人家欢喜、祝福，这样就不会痴心妄动，产生妄念了。
- 肯低头的人，很少会撞门框；肯让步的人，永远在进步；不苛求完美的人，才有满足感；懂珍惜的人，才会感到幸福。
- 越是讲究礼仪的地方，越是讲究长幼尊卑。年幼的尊重年长的，位卑的尊重位尊的，后来的尊重先到的，德薄的尊重德厚的。这是我们社会看不见的但实实在在存在并且起着重要作用的潜规则。
- 与人共担风险，分享利益，是一个人的美德。
- "人在做，天在看"这句话是真的。所以，一个人绝对不可胡作非为。
- "成物不可毁。"无论对某人有多大的意见，对方的物品没有得罪你，不要通过毁坏别人的东西来发泄私愤，更不要殃及无辜。
- 天网恢恢，疏而不漏，人漏天不漏。
- 诚实就不会后悔，宽容就不会有怨气，和气就不会结仇，忍让就不会受侮辱。

- 越有渴望得到的东西，越要谨慎行事，越要拼命去攫取智慧，越要耐着性子长大。不能让无知毁掉你的翅膀，不能让坏人利用你的善良，不能因冲动脱离正确的轨道。
- 人人都有缺点。喜欢一个人，就要包容、喜欢他的缺点。
- 这个世界就这么不完美，你想要得到些什么，就不得不失去些什么。（柏拉图）
- 追求完美的人，总是痛苦多于快乐，失落多于收获。因为这个世界总是"人不得全，瓜不得圆""鱼与熊掌不可得兼"，所以不能苛求完美。
- 很多事情可以不原谅，但可以选择放下，要在心里告诫自己："算了吧。"
- 从迷到悟有多远？一念之间。只要"转念一想"，便可让心态出现转机。
- 没有人会提供给你连他自己都没有的经验。你想去请教某人时，一定要考察一下这个人有没有这方面的实践经验或感悟，否则不如不请教。
- 话多的人不可与他长远谋划事情；多动的人不可与他长期相处。
- 做事情一定要先审察其害处，后考察其好处。两相对比，就知道该怎么做了。
- 最好的付出是互惠。互惠才有意义，互惠才能长久。
- 不看对方的人品就施舍的善良，容易遭人利用；过于轻信别人，容易受人欺骗。
- 任何事情都不走极端，留有余地，能放能收，才有腾挪回转的空间。
- 如果有人说话伤害了你，或者不怀好意地调戏你、揶揄你，你可以若无其事地装作没有听见。如果他良心发现或者连忙解释，你就用"我没有听见"或者"我不知道"来回应他。这样既能显示你容人的雅量，又给了对方面子，没有激化矛盾。如果他不知好歹地得寸进尺，你就给他个斜眼，或者看都不看，头也不回一走了之。这样既不发生冲突，又能让他自我反省。
- 一个孩子能爱父母，尊老师，就是行走社会的基础。
- 你谦虚，别人就教给你新东西；你不谦虚，你就学不到新东西。外面的东西是永远学不完的，所以你必须永远保持谦虚。你不断汲取新知识就会越来越自信，你内在有自信，外在有谦虚，将来就可以做大事了。
- 不是世界太复杂，是我们的智慧太浅薄！

- 对方请求你帮忙办事，你帮不了就向对方解释清楚，不要让对方误解你。
- "人挪活，树挪死"，如果你觉得在这里非常痛苦，那么离开就是一条生路。

第十二节 "凡人丧身亡家，言语占了八分"

台湾国学学者蔡礼旭说："凡人丧身亡家，言语占了八分。"这句话是说，一些人惹祸上身，大多是因为说话不当。

话说不好，危害甚烈。一句话出口前，你是它的主人；出口之后，它就变成了你的主人。钉子可以从木板中拔出，说出去的话却无法收回。祸乱的发生大多是以言语为阶梯的，所以才有"祸从口出"这个说法。

孔子说："君子的举止要不失体统，仪表要保持庄重，言语要谨慎。所以，君子的外貌足以使人敬畏，仪表足以使人感到威严，言语足以使人信服。"(《礼记·表记》)这段话就是告诫人们，为人处世，一定不要口无遮拦乱说话、乱发脾气，不要去做那种"祸从口出"的悔青了肠子都无法挽回的事情。

所谓"口为祸福之门"，是说会说话的人就会受欢迎，不会说话的人就可能招致祸殃。不走心的言语，不恰当的言语，欺骗人的言语，都可能招来灾祸，真是不能不谨慎啊！

春秋时期，孔子带了一帮学生到周朝的首都洛邑（即洛阳）去瞻仰周的太祖后稷的祠宇。祠宇右边台阶之前有一座铜铸人像。人像的嘴被东西封了三层，它的背上刻了铭文："这是古代说话最谨慎的人。大家要警戒啊！不要多说，多说的往往多败；不要多事，多事的每每多患。即使生活在安乐的环境中，也一定要戒慎恐惧。只有这样，才不至于后悔自己的多言多事。不要说没有什么损伤，那引起的祸患将影响深远；不要说没有什么损害，那引起的祸患将继续扩大；不要说上天听不到，天神正在观察着你呢……"

孔子读完了这篇铭文，回头对学生们说："你们年轻人要记住啊！这些话说得很具体又很中肯，很有说服力。《诗经》中说'戒慎恐惧，好像下临无底深渊，生怕跌下去一样；好像踩在薄薄的冰面上，生怕陷了进去一样。'这样去要求自己，难道还怕嘴巴会招来祸害吗？"

所以，话这个东西，不是有话就说，不是想说就说，也不是实话实说，更不可胡编瞎说，而是说了有好处才说，没好处的话坚决不说，打死也不说！

守口如瓶，善于保密，既是一个人的美德，也是帮助一个人成功的智慧。因为你能为自己或别人保守秘密，你就不会有祸患，同时你在别人眼里就是一个值得依赖的好人。

唐朝有个叫韩瑗的宰相，为人既真诚又有城府。当时他奉命带兵在陕西征讨叛军时，部下颜师鲁与李勣不合。颜师鲁在韩瑗处说李勣的坏话，李勣也在韩瑗处讲颜师鲁的坏话，做领导的韩瑗都默默听着，却从不说出去，所以没有闹起事端。如果韩瑗不是这样，嘴巴不严或者被人利用，那么军队就会不得安宁了。

保密既是处世之道，也是修身之术。倘若你被别人视为能保密的人，就会有很多人向你倾诉心中的秘密，你不光能交下很多朋友，还能掌握很多信息，信息也是一种重要的社会资源呢！反之，总是藏不住话，就不会有人向你吐露心声，把你视为知己了。你的人格魅力也就从此瓦解，不复存在了。

开玩笑的话题，应该避免触及诸如宗教、个人隐私、别人忌讳的家事、尊严、急事、要事以及任何令人痛苦的事情。

生活中总是有些人偏偏不考虑对方的感受，不知深浅地说些伤人自尊、令人恼怒的话以显示其口齿伶俐。这种习惯实在是太危险了。

我们说出的话，做出的事，既要利于自己的学习和成长，又要利于同学、同事之间的团结，促进邻里之间的关系，否则，我们就不必去说，不必去做。

聪明的人用甜美的语言让事实增值，愚蠢的人用糟糕的语言让事实贬值。我们是不是都应该做一个"用语言让事实增值"的聪明人呢？

最后讲一个"用语言让事实增值"的真实故事：

一个黑人出租车司机载了一对白人母子。孩子在车上问："妈妈，为什么司机叔叔的肤色和我们不一样？"

这位母亲笑着回答："是因为上帝要让世界缤纷，所以创造了不同颜色的人啊!"

到了目的地,司机坚决不收钱。他十分激动地说:"小时候,我也问过母亲一样的问题,母亲说我们是黑人,注定低人一等!如果换成你今天的回答,我可能就是另外一个我了。"

第十三节 "君子必慎其独"

"君子必慎其独"这句话出自《大学·第七章》。"慎独"指的是人们在独处的时候,也能自觉地严于律己,警惕自己的"人心"出现偏差,使道义时时刻刻引领自己的言行。能否做到"慎独",是衡量人们是否能坚持修身以及在修身中取得成绩大小的重要标尺。

"慎独"是我国古圣先贤总结出来的修身方法。这个修身方法不仅在古代的道德实践中发挥过重要作用,而且对今天的社会主义道德建设仍具有重要意义。

曾国藩在他的《家书》中这样写道:"慎独则心安。自修之道,莫难于养心;养心之难,又在慎独;能慎独,则内省无疚,可以对天地,质鬼神。"他认为此乃"人生第一自强之道,第一寻乐之方,守身之先务也"。

很多人听说过柳下惠"坐怀不乱"的典故,其实这也是一个慎独到"不欺暗室"的故事。

春秋时期,鲁国的柳下邑有个人称柳下惠的美男子,姓展,名获,字子禽。此人为人正派,严于律己,心地善良,口碑甚好。

一个深秋的夜晚,柳下惠路过一片柳林时,忽遇倾盆大雨,他急忙躲到附近的一个庙里避雨。恰在这时,一位年轻美丽的女子也到此避雨,与他相向而坐。半夜时分,气温下降,年轻女子冻得瑟瑟发抖,便起身央求坐到柳下惠怀中温身驱寒。柳下惠急忙推辞说:"万万使不得!荒郊野外,孤男寡女共处一室本已不妥,你若再坐在我的怀里,更是有伤风化。"女子道:"世人都知大夫圣贤,品德高尚,小女子虽坐在怀中,大人只要不生邪念,又有何妨?我若因寒冷病倒,家中老母便无人服侍,你救我就是救了我母女二人了。"柳下惠听后再无推托之词,只好让女子坐到自己怀中,还把自己的外衣披在女子身上御寒。

暴雨一夜未停，柳下惠怀抱女子，闭目塞听，纹丝不动，漫漫长夜竟好似忘了有异性在怀。黎明到来，雨过天晴，得恩于柳下惠的女子不胜感激地说："人言展大夫是正人君子，果然名不虚传。"

"不欺暗室"，是"慎独"的极致，专指在别人见不到的地方也不违背道德。

"暗室"有两层含义：一是指独处的时候；二是指一个人内心深处的隐秘角落。当一个人独处时，别人就看不到他的言行举动了，只有那些有德行的君子才能认识到，在这种时候，尤其要严格控制自己的起心动念，事事谨慎小心，坚守正道，不逾规矩，不负自己的修养和使命。

在一个人修行的路上，如果能做到君子慎独，"不欺暗室"，看到女色不施手段，面对财货不生贪念，遇到贤能不放暗箭，接近弱者不萌欺心，手有权力绝不滥用，这种人距离圣贤的境界就不远了。

相传东汉杨震去东莱担任太守时，路过昌邑，昌邑县令王密是他在荆州刺史任内荐举的官员。听得杨震到来，王密晚上带着十斤黄金悄悄去拜访杨震。杨震当场拒绝了这份礼物。王密以为杨震假装生气，便道："暮夜无知者。"杨震立即生气了，说："天知、地知、你知、我知，怎说不知！"王密听后羞愧而退。

君子修身，除了慎独，还要慎言、慎行、慎欲、慎微、慎友、慎初、慎终。

慎言。俗话说："慎言以养其德，节食以养其体。"为什么要"慎言"？因为"良言一句三冬暖，恶语伤人六月寒""隔墙有耳""祸从口出"。能否谨慎言语，出口恰到好处，关乎一个人的处事成败。

慎行。行谨才能坚其志，言谨才能成其德。懂得慎行的人，必定是志存高远、脚步踏实、懂得处世的人。

慎欲。欲望太滥，伤神，伤德，伤身。我们不能完全做到消除欲望，但至少可以节制欲望，不为欲望所驱使。老子言："知足不辱，知止不殆，可以长久。"这句话说的就是"慎欲"的好处。

慎微。"慎微"就是不忽视细节或毫末，讲究对事物一丝不苟。细节决定成败，祸患积于忽微。对于那些损害自己德行的想法和行为，比如贪小便宜、捡东西不还、"顺手牵羊"、损人利己等念头和行动，不能因为它细小或认为无碍德行就不加警惕。细小的东西都会变大。古人"不矜细行，终累大德"这句话，足以说明"慎微"的重要性。

慎友。人生最大的悲哀莫过于交错朋友、选错配偶。一旦选错交错，轻则事业受创、名声受累，重则前功尽弃、万劫不复。看人要在观察、了解透彻后再决定是否继续交往。

慎初。人生最可庆贺的是最初有一颗正知正念的心和确定了宏伟的志向，最忌的是不学无术，浑浑噩噩，得过且过。如果我们有一颗正知正念的心，确定了自己的宏伟志向，任何时候都"不忘初心"，坚持不懈地努力，那么就有可能"方得始终"。

慎终。老子言："慎终如始，则无败事。"我们做一件事情时，若能到最后还像开始时那样谨慎行事，兢兢业业，保持清醒，那么事情的成功率就会大大提高。太多的不成功，都是因为败在了最后一段路上。

第十四节 "德不配位，必有灾殃"

一个人所拥有的权位、名誉、财富，一定要与他的德行所匹配。如果他有了很高的权位、很大的荣誉、很多的财富，却没有足够的德行相匹配，终究不可能长久。《周易》中说："德不配位，必有灾殃。"这句话就是揭示的这个道理。可见德行在一个人的生命中有着多么重要的分量！

古代先哲墨子说："德为才之帅，才为德之资。德器深厚，所就必大；德器浅薄，虽成亦小。"

掌握知识的人，一定要有美好的品德相匹配，方能担当起时代赋予自己的大任。否则，即使有才华，没用正确的价值观去引领，也会误入歧途。这样的人一旦做起恶来，破坏力将会更大。

2019年4月下旬，网上连续出现了北大学子吴谢宇弑母的惊天报道，案情之血腥，令人难以置信。

弑母凶手吴谢宇少年丧父，是母亲谢天琴一手把他拉扯成人。当年中考时，吴谢宇以全校第一的成绩考入福州一中；高考前夕被北大提前录取，成绩全国前几名；进入北大后，吴谢宇不仅在校内因成绩优异获得奖学金，就连前往校外英语培训机构学习 GRE，也拿下了奖学金。有人说："他这个成绩，排名全球前 5%。"

但是，有才的人就一定有德吗？就一定才用其所吗？下面的案情给了人们相反的答案。就是这个"天之骄子"吴谢宇，竟然亲手把他的母亲杀了！

为什么他要杀死自己的母亲？据分析，导火索竟是因为吴谢宇的恋爱对象。

吴谢宇大三的时候，爱上了一个没有文凭的社会女青年。他不但将母亲支持他读书的 10 多万元给了对方作为结婚彩礼，还表示一定要娶这个女人为妻。由于他的这种想法和做法与母亲的期望大相径庭，自然遭到了母亲的强烈反对。

吴谢宇不但没有理解母亲对他的大爱，没有用正当的理由说服母亲，还在错误的路上越走越远。2015 年 6 月底，他在网上悄悄买了多种作案工具，据他交代，他当时的想法是跟母亲当面摊牌后，如果母亲还不同意，就把母亲除掉。

2015 年 7 月的一天，吴谢宇回到福建母亲的住处。11 日，他就此事再次与母亲沟通，母子俩很快再次争吵起来。在母亲坚决不予让步的情况下，吴谢宇用网购的刀具将恩重如山的母亲残忍杀害。

杀害母亲的当天，吴谢宇通过他学来的知识和小聪明，用母亲和自己的手机假借母亲的口气向亲友发信息借钱，谎称自己将以交换生的身份去美国读书，诈骗人民币 144 万元，然后以母亲陪读的名义模仿母亲的笔迹和口气向母亲单位写了辞职信，骗得母亲单位给了长假，之后销声匿迹。

所有人眼中的好学生，竟然因为女朋友成了弑母凶犯。这说明什么？说明一个人如果没有道德，往往才艺越高，破坏性越大，下场越惨。

孔子的学生子路说："君子有勇而无义为乱，小人有勇而无义为盗。"人品是最高的学位，而道德是人品的灵魂。在人类社会中，人品的修养比博士、硕士等学位更重要。君子有才，如用德来发挥，就会如虎添翼；若是只有聪明才干而失去了良好品德，就会变成一只猛兽，难说不给社会造成破坏。

像吴谢宇，他学习再好，道德修养一团糟，又有什么用呢？他连含辛茹苦把他养大的母亲都能杀，还有谁是他不能杀的？这种修养水平的人，以后哪个单位敢用他？哪个女人敢跟他结婚？谁又能指望他学成以后成为国家的有用之材呢？他没有德，"人无德不立"啊！

国无德不兴，人无德不立。欲成大事，德必配位。德不配位，必有灾殃。

崇尚道德的人有什么好处？除了能够成大事之外，崇尚道德的人老了会让人爱戴、学习和怀念；去世后能够真正像挽联上写的"永垂不朽"，成为家族的榜样，被子孙铭记。不崇尚道德的人，活着令人讨厌，死后也让后人羞于提起甚至唾骂。

一个人的财富、才华、名誉、地位，都必须有深厚的德行来支撑。一个人品行低劣却拥有很高的荣誉，一个人贡献很小却占有很多财富，一个人心胸狭陋却手握大权……这些都是一个人的险象，早晚都会给他带来灾祸！

第十五节 越自律，越优秀

自律是一种人格修养。自律的人，一定是在别人看不见、没人监督的时候，也能够始终按照道义的原则严格要求自己，保持清醒的头脑，谨言慎行，遵守公私界限，不违背道德良心去做损害别人、损害社会的事情。

一个自律的人，往往有他坚守的底线。

元初著名理学家许衡一次夏天外出时，烈日炎炎，忽遇一株大梨树，树上结满了成熟的梨子。路人疲劳饥渴，都抢着去摘梨解渴，唯独许衡在树下正襟危坐，没有动。有人问他为何不摘梨子解渴？许衡说："不是自己的东西，是不可以摘的。"别人说："如今适逢乱世，这又是无主之梨，摘了也没有什么。"许衡回答说："梨子可以无主，但我的心难道也无主吗？"他认为这梨不是自己的，最终也没有吃。

事前信誓旦旦，事到临头就人格坍塌的人太多，但像许衡这样自律自爱，做人坦荡，即使没人监督也一如既往地遵从自己的内心，不贪身外之财的人，实在是太可敬了。

只有内心强大的人才能在最艰难的时刻秉持公平正义，把持住自己的内心，保持"赤子之心"，把大众的利益放在前头。

美国第26任总统西奥多·罗斯福说："有一种品质，可以使一个人在碌碌无为的平庸之辈中脱颖而出，这个品质不是天资，不是教育，也不是智商，而是自律。"

自律，是一个人摆脱平庸的"金钥匙"。事实证明，很多人因为持续自律，过上了别人无法想象的生活。

彭于晏是台湾的演员、歌手。据说他小学刚毕业时，身高1.5米，体重有140多斤，是个名副其实的大胖子，根本不是现在大家眼中的"男神"。

他高三时喜欢上了篮球，身体很快变得又高又瘦，他也是在此时进入了娱乐圈，但是在这个淘汰率极高的圈子里，没有核心竞争力是根本混不下去的，于是他决定改变自己。

为了演好一个热爱体操的追梦人角色，彭于晏苦练各种专业的高难度动作，每天工作12小时，一干就是2个多月。后来他演黄飞鸿，就去学功夫；拍《破风》，就每天骑行10公里；拍《激战》，就去学综合格斗和武术……他靠着非凡的毅力和自控力，呈现给了大众一个又一个鲜活的角色。

有位叫陈际的老师在"知乎"里说过："真正的自律是建立在自知、自信之上的，不是盲目的自我压迫、自我批判。"

2020年年初全国抗疫期间，网络上疯传两个女学生自觉学习网络课程的照片，引来了无数人点赞。

第一张照片是在一个空旷的房间里，一盏昏黄的电灯下，一个女孩正趴在一张简易的桌子上利用手机聚精会神学习的场景，旁边是蹲在寒冷的角落里陪伴她的父亲。

这个穿着浅粉色羽绒服的女孩儿是河南洛宁的郭翠珠，刚刚14岁。她因要上网课，家里没有网络，爸爸的手机流量又不够，所以只能每晚来村支部办公室蹭网学习2个来小时。有很多网友说，这就是现代版的"凿壁借光"啊！

第二张照片的主人公是15岁的女孩杨秀花，她为了上网课，每天要爬1个小时陡峭的山路，到距家4公里外的悬崖边上课，因为只有这里才能接收到网络信号。

杨秀花按照学校的要求每天早上7点45分打卡，因此她必须6点起床，尽早出门，书包里装着馒头、包子，边走边吃。她每天都要在悬崖边待上至少10个小时，直到下午5点后差不多天要黑了才返回家中。

她说:"我想好好学习,考个好大学,虽然学习不是唯一的出路,但在当下来说是最好的出路。说实话,在这儿学习我也不觉得辛苦和冷。"

世界上所有成功的人都有一个共同点,那就是自律。自律的人都非常清楚自己想要什么,所以他们知道应该抓住什么,放弃什么;做好什么,不做什么。若一个人无法自律,是因为他根本就没有弄清楚自己想要什么。

日本畅销书作者山下英子说:"真正的自律,是源于内心的断舍离。"能够运用好断舍离的人,清楚自己要什么和不要什么。

断什么?断掉自己身上那些不良的嗜好和习惯,断掉那些人性的丑陋之处,比如断掉懒惰、拖延、放纵自己、耍小聪明、盲目满足、小偷小摸等坏毛病。

舍什么?舍弃那些非分的念头、不切实际的追求,舍掉那些负能量的情绪,如自私、怨恨、嫉妒、贪婪、计较。

离什么?离开干扰和可能偷走你梦想的那些负能量的小人,离开迷惑你心智或者令你痛苦的、可能堕落的环境。

网络上有句话说得很好:"不是优秀了才自律,而是自律了才优秀。越自律,越优秀。"谁想活出跟别人不一样的人生,那么就在自律上多下功夫吧。当你足够努力,控制得住懒惰等各种坏习惯,你就可以通过征服自己,去征服世界了。

第十六节 "从心所欲,不逾矩"

"从心所欲,不逾矩"这句话出自《论语·为政篇》:"子曰:吾十有五而志于学;三十而立;四十而不惑;五十而知天命;六十而耳顺;七十而从心所欲,不逾矩。""从心所欲,不逾矩"的意思,是指一个人想做什么就做什么,但在行动中又尊重和不违背各种规矩。一个人的修养到了这一步,能放能收,能行能止,他的心灵一定是舒适奔放、自由自在、没有迷惑和压抑的。这也是一个真正的"觉者"所应追求的精神境界。

如果一个人的思想和行为没有必要的约束,那是非常危险的。著名思想家、学者胡适先生说:"一个肮脏的社会,如果人人讲规则,而不是谈道德,最终会变成一个有人味的正常社会，道德也会自然回归；一个干净的社会，如果人人都不讲规则却大谈道德、谈高尚，天天没事就谈道德规范、人人大公无私，那么这个社会最终会堕落成一个伪君子遍地的肮脏社会。"

知止与知足相比较，知止比知足的境界更高一层。知足是不管别人给多少，都能毫无怨言地接受；知止是看到了不妥，都能理智地停下来，并自觉地去遵守规则。知足是不贪，知止是不随。

在反腐行动中落马的那些贪官，他们哪个理论水平低，哪个口才差呢？他们之所以沦落到那个地步，还不就是不知足、不知止导致的吗？所以，学习传统文化，最要紧的就是要做到知行合一，知行知止，遵守各种法规法纪"不逾矩"。

规矩，也就是规则，指的是维系我们社会和谐发展的各种党纪政纪、法律法规、公序良俗、传统礼数、行规业道等。我们社会要求上至领导，下至百姓，都要按照规则办事。因为这些规则除了保障社会公正公平外，还是保护我们个人利益不受侵犯的有力屏障。

规则就是规则，是大家都应该自觉遵守的行为规范，对谁都不例外。

这里举几个近年来教训惨痛的"逾矩"的恶性案例——

| 案 例 一 |

2016年7月23日，北京八达岭野生动物园发生了一起骇人听闻的老虎伤人事件。32岁女游客赵某未遵守八达岭野生动物园"猛兽区严禁下车"的规定，对园区相关管理人员和其他游客的警示未予理会，擅自下车，结果导致其被虎攻击受伤。赵某的母亲周某见女儿被老虎拖走后，救女心切，亦未遵守严禁下车的规定，施救措施不当，导致其被老虎攻击身亡。

| 案 例 二 |

2018年10月28日发生了一起轰动全国的重庆万州公交车坠江事故。这天上午10时许，当一辆公交车行至长江二桥桥面时，一位刘姓女乘客发现自己坐过站后，强行要求下车。司机冉某按照规则未予同意，结果刘某两次用手机击打冉某头部、面部，冉某为了保护自己免受攻击，竟然违反规则，在行驶状态

下松开方向盘用右手进行还击，导致车辆失控，冲出大桥护栏坠入长江中，造成车内15人全部丧生。

案例三

2020年3月中旬正是抗疫期间，47岁的澳大利亚籍女华人梁某某返京后不按规定居家隔离，外出跑步且不戴口罩。面对社区防疫人员的好心劝说，该女子不但不听劝告，还大喊"救命啊，有人骚扰我！"视频传到网上几天后，梁某某被她所供职的德国拜耳医药公司辞退。

据说这位梁某某曾是中国土生土长的一个学霸，之后考上了澳大利亚的名牌大学，然后取得了澳大利亚国籍，这样才得以入职著名企业，成为一个年薪百万的名企高管。这下好了，这样放肆不羁的举动不但使她毁了名誉，丢了工作，没了年薪百万的收入，还被北京公安机关取消居留证，限期离境！这个梁女士为她的"逾矩"行为付出了巨大的代价。

中国的海外华侨很多，他们心系祖国，把祖国当成自己的根。祖国发展了，他们脸上有光；祖国强大了，他们为之骄傲；祖国硬气了，他们走到哪里都挺直脊梁。你若是还把祖国当成一个为你遮风挡雨的温暖的怀抱的话，你就用实际行动好好热爱她、维护她，而不是糟蹋她。

规则面前人人平等，我们任何人都不可以做那种"我有权我有理""我老我有理""我错我有理""我弱我有理""我横我有理""我不知道我有理"的作死一族。

规则意识，在我们的生活中越来越重要。永远不要漠视规则，因为规则代表的是大众合理合法的利益；永远不要挑战规则，因为你栽倒要付出巨大的代价。

对于青少年来讲，在学校里遵守校规校纪不难，出了校门，也要把遵守纪律的作风延续下去，自觉地遵守社会上的各种法规法纪，做个好公民，不给别人和社会添麻烦。

一位旅居国外多年的女士说了这么一个见闻。一次，她在挪威首都奥斯陆公交站台等车。等车的有十几个人，人们很自觉地排起了队。

排在她身后的是一个七八岁的小男孩。可能是男孩有些口渴了，就离开队伍到不远处的一个自动售货机买了一瓶饮料。没想到这眨眼的工夫，就有几个人排在了自己身后。小男孩回来后，一看前面排满了人，就直接排在了队伍的最后头。女士觉得小男孩原来是排在自己身后的，就招呼男孩站到前面他原来的位置，小男孩摇摇手笑着说："不啦不啦，我刚才脱离队伍了，如果再排在那里，是不符合规则的。"

这位女士听后内心非常感慨。她觉得，规则意识在这个小男孩心里已经深深扎根，不需要任何纪律约束他，他这样做，完全是由于一种植根于内心的文明修养。

一个"不逾矩"的人常常会替他人着想。一个守规则、有教养、有同理心的人，他的心里总是装着别人，懂得换位思考，懂得顾及别人的感受。

凡事心存敬畏，方能行有所止。有敬畏心的人不会犯大过，出大错。反之，那种"天不怕地不怕"，心中没有敬畏的人，倒很可能什么坏事都干得出来。

那么，我们需要"敬"什么，"畏"什么呢？

"敬"，一敬众生；二敬公理；三敬圣贤说过的话。

"畏"，一畏规则惩罚；二畏国法追究；三畏父母伤忧；四畏有负众望；五畏德行浅薄；六畏无所建树；七畏愧对恩师；八畏良心难安。

懂得敬畏的人都是考虑后果的人。人们每做一件事情，都应该冷静地想一下它的利弊得失会是什么，这就叫"重视代价"。口无遮拦的代价是什么？感情用事的代价是什么？胸无大志、懒惰放纵、不好好学习的代价是什么？损人利己、不讲公德的代价是什么？以权谋私、为所欲为的代价是什么？不讲公平正义、愚弄善良的代价是什么？想吃就吃、不讲科学饮食的代价是什么？

一个人在"不逾矩"的前提下让自己在"自由的王国"里驰骋，想做什么就做什么，想做什么就能做成什么，不就是古今圣贤都追求的幸福人生吗？

第十七节 "我就在你旁边，你都没有向我求助"

我曾经看到这样一个故事，说一个小孩要搬起一块石头，父亲在旁边鼓励他说："孩子，只要你全力以赴，一定能搬起来！"最终孩子未能搬起石头。

孩子说："我已经拼尽全力了！"

父亲说："你没有拼尽全力。因为我就在你旁边，你都没有向我求助！"

历史上一个叫鬼谷子的谋略家认为：如何使自己立于不败之地？答案就是，除了自己全力以赴之外，还要懂得"借势"。

懂得"借势"是一种智慧。在我们的现实生活中，有很多成功人士，他们之所以能够成功，就是因为他们懂得"借势"。改革开放初期，各地政府在发展经济中为了解决资金和技术的不足而使用的"借船出海""借鸡生蛋"等方法，都是利用"借势"来克服困难、发展自己的例子。

"势"，主要是指高端智慧、人脉力量、事业平台、政策优势、地理环境、资金渠道、物质资源、社会舆论、军事装备等。

所谓的人脉力量，是指那些可用的人脉资源，包括明师、善友、父母、兄弟、近邻、同行、"江湖大侠"、"一言之师"、警察等。生活中的很多事情靠自己单打独斗难以完成的时候，懂得"借势"就多了一条通往成功的途径。

你有没有遇到过这种情况，就是你陷于某种尴尬的境地时，别人的一句提醒或点拨的话胜过你几天的冥思苦想，因为旁观者清啊！

一个善良又勤奋的少年在小学五年级的时候被同校的一个"泼皮"欺负，那阵子他深感无助，心情非常苦闷。这时有个和他很要好的同学给他出主意，让他找一个人做"保护者"，借此渡过难关。他接受了这个建议，就把自己的苦楚跟一个叫"大海哥"的学长说了。那个"大海哥"是个侠义心肠，又懂点儿武功，爱打抱不平的人，全校同学都敬畏他。"大海哥"一口答应帮助他。

从那以后，每天无论是上学还是放学，"大海哥"都与这位少年同行，并说自己是少年的亲戚。从那以后，无论是"泼皮"还是别人，再也不敢欺负这位少年，少年就这样一路顺利地读完了小学，进入了中学，远离了"泼皮"。

这个故事说明，别人的一句建议，有时就可能让我们脱离苦海。

你想成为哪个领域的人才，或想学习哪方面的知识，你就多多接触那个领域的高人，向他们请教、求助。如果找不到，你就去读那些顶尖的人写的书，这也是一种方法。你谦恭、真诚地向别人请教、求助，别人一定会愿意帮助你。

凡是贵人，都很欣赏并愿意帮助那些有上进心，又懂得感恩的青少年。因为只有自己愿意上进，别人帮起来才有价值；只有懂得感恩，别人帮起来才感觉值得。

由于很多父母智慧不够，不能完全肩负起正确指引青少年成长的使命，这个时候，拜师学习就显得尤为重要。

真心爱我们的人都是修养好、心地善良、爱才的人，当有人逼迫我们去突破自己、矫正自己的时候，我们一定要理解他、感恩他，因为他是我们生命中的贵人，我们也许会因他而改变。

当然，我们在享受良师益友帮助的时候，一定不要忘了为他们做点儿什么，不要觉得别人帮助你是应该的。

那些不重视结交良师益友，不善于求教高人，凡事不求人的人，不是心胸狭窄，就是不善交际，这类人常常没有大作为，人生旅途中常常处于窘迫的境地。

看过《三国演义》的人都知道，曹操就是一个十分懂得"借势"的人。东汉末年，各路诸侯争夺天下，在没人想到要利用汉献帝刘协这枚棋子的时候，曹操就想到了。他考虑到汉献帝刘协当时还有政治影响力，又考虑到他的尴尬处境，抢占先机把刘协接到许昌，帮助刘协保住了一个"天子"应有的尊严和荣耀。然后他利用刘协"挟天子以令诸侯"，施展自己的抱负。最后的结果大家都知道了——三国版图，曹操最大。

那些聪明的人其实跟平常人并没有太大的不同，比如三国时期的刘备，他只不过是懂得借助诸葛亮的智慧来解决问题，实现自己的宏图大志罢了。

有时候，我们会突然陷入某种"灾难"，"感到万分沮丧，甚至开始怀疑人生"。但事实上这只是你自己的一种错觉而已，并不是真的无路可走。只要我们善于动脑筋，懂得"借助别人的智慧"，路可能就在脚下。

第十八节　让沟通成为学业与事业的加速器

世界上最难处的关系是人际关系。因为世上很多误会都来自理解不足，很多矛盾都来自信任不够，很多过错都来自沟通不畅。

为什么会出现这样的情况？因为人们多是从自己的角度考虑问题，很少从对方的角度考虑。

换位思考，是接近对方心灵最好的方式。很多事出发点不一样，结果当然不同，不从对方的角度考虑，很容易产生误解。如果每个人都放下所谓的"架子""面子"，去体谅对方说话做事的出发点和本意，沟通起来就容易得多，有效得多。

青少年要做到有效沟通，除了前面说的换位思考，还应注意遵守以下原则：

1. 尊重他人的原则。

这个原则要求我们真诚地尊重对方，不怠慢、不藐视、不欺骗、不无视对方。

尊重别人的劳动，尊重别人的诉求，尊重别人的创意，尊重别人的人格，尊重别人的权益，尊重别人的生命，尊重别人的机会，尊重别人的习惯。

无论什么人，都希望自己被尊重。所以，领导、父母、老师、同学、同事都喜欢与那种尊重他人、态度谦卑、做事周密、言行谨慎的青少年相处。

《止学》中说："疑惑不能解除，仇恨就会加重。想消融疑惑的人一定要先自我谴责。自私的念头不产生，仇怨就不会结下了。"这个"自我谴责"，就是真诚地尊重对方的具体态度。

2. 谦恭的原则。

"三人行必有我师焉"，在年长的人或者读书多的人、学习好的人面前，一定要从心里谦恭地尊他们为师，不要目中无人，不要嫉妒人家，而要以他人为榜样、挚友，处处虚心向他人学习。只要人群中有一个人在某一方面比你厉害（比如学习成绩比你差但音乐或田径成绩比你好），你就要虚心向他学习；对于一些学习成绩暂时比你差的同学，不要小瞧人家，要真诚帮助他们，共同进步。

3. 尊重异性的原则。

尊重异性，是一个人道德修养的具体表现。异性与自己有着诸多不同的心理特点，言行之间一定要讲礼貌、不轻佻、不粗鲁、不冷漠；多担当、多尊重、多帮助、多体谅。

4. 快乐的原则。

大家交朋友快乐是前提，如果遇到话不投机或志不同道不合的人，也不必反唇相讥，而应该立即中止谈话或悄然离开。这叫"君子绝交，不出恶声"。

5. 宽恕的原则。

"只问是非，不计利害。"只要是弄清了是非，得饶人处且饶人，能谦让时且谦让；给对方留面子，给自己留退路，团结一致向前看，不留隔阂好相处。

6. 随顺的原则。

对于一些鸡毛蒜皮的事情，要学会变通，懂得随顺，不必标新立异，不必唯我独尊，无须争强好胜，否则会产生龃龉，让自己成为孤家寡人。

随顺就是捧场。随顺父母的心意，随顺老师的意图，随顺领导的决定，随顺大势所趋，随顺既成事实，随顺社会上的各种规则规定、公序良俗等。随顺的结果能让对方高兴，同时自己也能境顺、运顺、关系顺、心顺、气顺、人生顺。

7. 以事实为依据的原则。

遇到问题先考虑事实根据，不能靠猜测，更不能人云亦云，然后依据事实，理智且智慧地按照原则去应对，去处理。

孔子周游列国时，有一段时间与弟子受困于陈、蔡之地。一次，孔子正在弹琴，偶然看到一旁煮饭的颜回打开锅盖从锅里抓了一把米饭放在嘴里吃了，好像是在偷吃米饭。孔子心里不太高兴。

为了弄清这件事，他就对颜回说，要用今天的米饭先祭拜祖先。颜回一听就忙告诉老师说："刚才我煮饭的时候有块灰尘掉入饭中，留在饭中则不干净，扔掉一些米饭又很可惜，我就抓起来把它吃了。这饭被我弄脏不能用来祭拜祖先了。"

过后孔子对他的弟子们说："看到没有？亲眼所见的事情都不一定是真的，何况那些道听途说的消息呢！"弟子们也由此赞叹颜回的为人。

8. 不说谎的原则（此条原则不适用于对待坏人）。

对爱你的恩人、贵人说谎欺骗是罪恶，但对心怀叵测的小人说谎却是一种机智。恶意的谎言是谎言，善意的谎言和机智的谎言不算谎言。有时候你不愿意说假话，但保持沉默也是一种智慧。

关于如何不说谎话、说真话的问题，德国哲学家康德认为，一个人所说的话必须真实，但没有义务把所有的实情都说出来。如果你觉得某句真话说了以后对你或者对事情的发展是不利的，你可以保持沉默，把真话烂在肚子里，但是你绝不能说后果严重的假话。这样，最后不管你说多少，说出的都是真话。

9. 珍惜时间的原则。

在沟通的过程中，自己不浪费时间，也不过多地浪费别人宝贵的时间。

10. 及时沟通的原则。

及时沟通会避免由于信息不畅带来的损失，同时也会避免双方误会的加深。因此，提前沟通比过后沟通好，早沟通比晚沟通好，主动沟通比被动沟通好。

以上是普通人沟通中应该把握好的十个原则，接下来谈谈学生干部与老师如何沟通的问题。

一个在校班干部和一个普通同学比起来，跟老师沟通的频率会高很多，如果处理得好，将会使自己的成长比普通同学快很多。那么作为一个班干部，如何与老师保持沟通才算是最佳模式呢？我的建议如下：

一是要以最快的速度、最好的效果去完成老师安排的具体任务，做到件件有着落，事事有回声。

二是发现班里的一些新情况、新倾向后，要及时向老师反映，并提出自己的解决思路。我们决不能以"麻木不仁"的态度对待歪风邪气。

三是在各项活动中以身作则，做出榜样，不给老师丢脸。

四是做维护团结的带头人。要主动调解同学之间的矛盾，大事化小小事化了。

五是做学习国学经典的模范。知行合一，从小就做一个德才兼备的少年君子。

六是积极要求入团，及时跟老师交流自己的学习和思想，求得老师指教和引领。

最后说一说很多青年关心的参加工作后如何与直接领导相处：

做下属的一定要明白这样一点，即凡是领导，他既然能身处这个岗位，一定有自身的长处。考虑到这一点，所有做下属的都必须摆好自己的位置，给予上级领导最起码的尊重。那么，你与上司最佳的相处模式应该是怎样的？我认为，只要做到如下几点，就是一个聪明的下属了：

第一，保持谦卑的姿态。

无论与这位领导相处多久，每一天都要摆正自己的位置，把对方看作师长，看成自己人生的榜样，把自己看作是一个小学生，谦恭地学习对方的长处。

第二，把领导看作是亲人。

在家靠父母，在外靠领导。你在单位供职，单位领导就是你的引路人，就是你的依靠，在感情上你要把他看作是自己最亲近的人，千方百计地维护领导的威信，维护领导的利益，做领导的贴心人。

第三，积极替领导出谋划策。

想领导所想，急领导所急，每次单位新的任务下来，或是领导有了什么难处，你最好在第一时间提出自己的见解，为领导排忧解难。你的谋略为领导赢得了政绩或荣誉，你要懂得推功让功，把功劳首先记到领导的头上。你这样做的结果是领导嘴上不说，心里一定佩服你会处事，从而信任你、看重你。

第四，维护领导形象。

这一点是要求下属要对领导的德行多多颂扬；而对有损领导形象的事千万不要口无遮拦。如果你是一个嘴巴很严的人，那么领导慢慢会把你当作可信赖的人，把最重要的事情交给你去办。

第五，不参与领导的不法行为。

领导让你替他做一些违法犯罪的事怎么办？我的建议就是，坚持道义，违法的事坚决不做。你可以表示为难，你可以找借口推脱，或者可以委婉地劝谏他不要再做，甚至直接到执法机关举报他的违法行为。《荀子》中说："从道不从君，从义不从父，人之大行也。"这句话的意思就是说：顺从正道而不顺从君主（你的领导），顺从道义而不顺从父母，就是做人做到最高境界了。

那么如果你因为坚持原则而失宠，或者遭到"无良领导"的打击报复怎么办？除了申诉和继续斗争，还有一个办法就是"树挪死，人挪活"，一走了之。请记住，与"无良领导"作斗争后你一走了之，那也照样是"英雄"！

第十九节 "容民畜众""和光同尘"

"容民畜众"一词出自《易经·师卦》，原句是"君子以容民畜众"。这句话是指国家的君王要育民爱民，藏兵于民，包容百姓，畜养众人。这样百姓便会忠贞不贰，品德高尚。

"和光同尘"一词出自《老子》第四章，原句是"和其光，同其尘"。这句话是指不轻易显露锋芒，尊重他人的处世态度。一个人在羽毛尚未丰满之时，懂得含敛光耀，融入环境，不标新立异，就能少些阻力，更容易成功。

涵养"容民畜众"的气度，树立"和光同尘"的胸怀，是一个人做大事的基本素养。

我们要明白，没有谁永远弱小，所以不要在众人面前太过张扬。那些真正厉害的人物，反而很谦虚，因为他们已经看透了这些道理。就像苏格拉底所言："我唯一知道的，就是我一无所知。"

想要得到别人的认可，就要先认可别人，多认真聆听别人的意见，多了解别人内心的所思所想。这就要求我们一定要用共情的心态来与别人相处。

这是成大事者必须具备的基本素养和胸怀。因为只有宽容才可以容人，只有厚德才可以载物。

人与人、人与自然、人与社会、人与国家、国家与国家等之间的关系，不是相互嫉妒、你死我活、弱肉强食的丛林法则的关系，也不是零和博弈的关系，而是一损俱损、一荣俱荣、休戚与共、互相依存、"万物并育而不相害"的关系，是我们常说的"大家好，才是真的好"的关系。

"容民"就是要做到爱民、育民、恕民，是以尊重百姓为前提；"畜众"就是以群众的根本利益为最高利益，就是"情为民所系，权为民所用，利为民所谋"。

厚道的人通达人性，总是容得下他人无心的过失，体谅别人，不给别人难堪。

北宋韩琦是一代名臣，一次晚上看书，帮他执灯的士兵有点儿不专心，一时走神，把他的鬓发烧了一点儿。当时他头都没转，顺手就把火给灭掉了。过了一会儿，他发觉有点儿异样，转头一看，刚才那个士兵已经被换掉了。他问："刚刚那个执灯的人呢？"底下主管就说："他把将军的头发都烧了，已经把他换掉了。"韩琦听完后说："你把他找回来吧，他已经知道怎么不烧到人了。"

宽容的君子懂得团结能人做大事，团结好人做实事，团结小人不做坏事的道理。

电视剧《老酒馆》中的老板陈怀海去东北为儿子报仇期间，店里的厨师老蘑菇趁机造谣生事，又杀人又反叛，搞得店里鸡犬不宁。当陈怀海回来知道这些事后，面对这样一个无耻的小人他又是怎么做的呢？按一般人的想法，不打他个残废也得把他轰出店门让他冻死、饿死，但陈怀海给他结了工钱，给他指了一条生路，最后跟他推心置腹说了一番话，让他无怨无恨地离开了酒馆。

孔子认为：对于贤者就学习他，对于不贤者就同情他，这样才算得上是一个有人情味的人。

那些顾全大局的人，不会计较小节；那些做大事的人，不纠结细微小事；懂得欣赏美玉的人，不太计较它的瑕疵；想得到栋梁的人，不会因为小的虫蛀就挑剔不用。有包容别人的胸怀的人，才能成就大事。

看《三国演义》，知道关羽念及旧情放走了曹操以后，诸葛亮大怒，要按军令状处置他。在这个关键时刻，皇帝刘备焦急地出面给关羽求情。诸葛亮听后哈哈大笑，说："主公，我哪里真的会杀他，实在是想顺水推舟，送你一个人情，同时也让他吸取一下教训。"

试想，当时诸葛亮按照军令状杀了关羽是完全说得通的，那么诸葛亮为什么要饶了关羽？难道只是因为刘备出面求情，他就放弃了原则吗？非也！诸葛亮懂得"瑕不掩瑜"这个道理，不是只盯一个人一时的错，也考虑到他以前的功劳，给他一次改过的机会。这就表现了他能够容人的胸怀！

宽容别人的缺点就是有度量，包容事物的不完美就是有智慧。

我们面对别人的伤害或失误，与其忍着不发作将怒火存在心中，倒不如随时把它化解掉。或者想，这是他的缺点所致，他的长处大于缺点，多看他的优点，包容他的缺点吧；或者想，这是他的无心之过，不必过于较真；或者想，这是因为他一时愚昧无知，没人教给他这方面道理，以后他会吸取教训的；或者想，这不过是他一时目光短浅的小私心罢了，暂且容他一次；或者想，这可能是一时的误会造成的，他本质上不是这种人，以后跟他聊聊；或者想，这点儿损失有什么大不了的，比起我那宏大的人生目标来说太不足挂齿了，赶快翻篇……我们这样想问题的好处，是不让负面情绪留驻心中反反复复地伤害自己，又能将事情平和地解决。也只有这样，才能算得上是一个"善于容人的人"。

培根说过:"人若念念不忘报复,就会使其本来可以康复的伤口永远无法愈合。"

宽容别人,实际上是给自己的心灵松绑,减少痛苦,多些快乐。否则,只会让自己的心路越来越窄,痛苦越来越多,受损的恐怕还是自己。

第二十节　青少年为人处世箴言(二)

- 亲人要生,生人要熟,熟人要亲。
- 对待一切事物都要"毋不敬",都要怀着一颗谦恭敬畏之心。
- 世界上最廉价,而且能够得到最大收益的物质就是礼节。(拿破仑·希尔)
- 人的成功不在于抓到一手好牌,而在于打好你手里现有的牌。
- 人前守住口,人后守住心。守口不惹祸,守心不出错。
- 原谅别人就是善待自己。
- 别人的东西不能拿,分外的便宜不能贪。别人的东西不能拿,是因为物权不是你的,你拿了又不还给人家就会有损德行;分外的便宜不能贪,是因为贪便宜会使一个人的人格变贱。
- 话有三不说:背后不说闲话,人前不说狂话,遇事不说怨话。
- 言语简寡,在我可以少悔,在人可以少怨。
- 忠诚的劝谏不被接纳,那就退让一旁不再去争谏,甚至连一句牢骚的话都不说。
- 自己的功德好处不说;自己的未来计划不说;他人的失误缺点不说。
- 你炫耀什么,就容易失去什么。因为你的骄傲伤害了别人心中的骄傲。
- 每个人都是这样:两年学会说话,一辈子学着闭嘴。
- 要比谁更爱谁,不要比谁更怕谁。
- 生气,就是拿别人的过错来惩罚自己。
- 古人告诉我们:"多言为处世第一病。动不如静,语不如默。"
- 自以为是,乱提意见,就是"年少不更事,胸中是非多"的毛病使然,这是一个人不成熟的表现。

- 一个人最愤怒和最高兴的时候，也就是最容易失去理性、最容易乱说话、最容易上当、最容易犯错的时候。所以说，每一次乱发脾气，都可能是你新一段糟糕人生的开始。

- 你越会说话，别人就越快乐；别人越快乐，就会越喜欢你；别人越喜欢你，你得到的帮助就越多，这样你自然也会更快乐。

- 会说话，不是"见人说人话，见鬼说鬼话"，而是内心真诚，懂得换位思考。

- 与朋友不开四种玩笑：不拿对方的缺陷开玩笑；不拿对方的钱财开玩笑；不拿对方的家人开玩笑；不拿对方的兴趣开玩笑。

- 人若一涉诙谐，便有三分轻浮，特别是在异性面前更是如此。所以，在绝大多数场合，诙谐不如静穆，庄重好过轻浮！

- 气不和时少说话，有言必失；心不顺时莫做事，做事必败。

- 恶莫大于纵己之欲；祸莫大于言人之非。(《格言联璧·接物类》)

- 有很多事，等过去了我们再回头看，当时慎重说话，三思而行，真是比乱说话要好一百倍一千倍啊！

- 一升米养个恩人，一斗米养个仇人。

- 别人不帮助你，是因为没触及他的利益。想办法把你的问题和他的利益联系起来，才能引起对方的重视。

- 人与人之间交往需要保持一定的距离，走得太近会适得其反。给别人足够的空间，是对别人心灵自由的尊重。

- 太过节俭就变成了吝啬小气，有失高贵；太过谦让就变成了卑躬屈膝，显得虚伪。

- 对于那些有益于大家的事情，你能捧场就捧一下场，能搭台就不要拆台；在别人难的时候你拉他一把，或者放他一马，他这一辈子都会对你感恩不尽。

- 世间真正的高手，是能胜，而不一定要胜，有谦让别人的胸襟；能赢，而不一定要赢，有善解人意的意愿。

- 不说伤人的话，不做缺德的事，不争分外的利，不留含辱的名，不走丧身的路。

- 结怨不如结缘，栽刺不如栽花。

- 谦退是保身第一法；宽容是处事第一法；寡欲是养心第一法。
- 一个人爱面子，你就给他面子，他以后会非常愿意帮你做事，这才是最轻松的处事方式。
- 与人同过不同功，共难不共乐。同功会产生妒忌，同乐会结下怨仇。
- 功不独居，过不推诿。
- 完名美节分些与人，可以远害全身；辱行污名引些归己，可以韬光养德。自私等于痛苦，利他等于快乐，这是生命的定律。
- 你谦卑了，会得到更多；你骄傲了，会损失更多。
- 成全别人，让他人得好处，最后受益的一定是自己。
- 不报复别人的理由：一是你报复别人费神费力费时间，并且要继续承担新的风险；二是报复别人会损坏自己的德行；三是不报复对方是为了把心思、时间都用在实现自己的理想上面，这样既推动了事业的进程，又赢得了大众的同情，还促使了对方悔过自新。总之，不报复比报复要好得多。
- 做人最忌睚眦必报，最忌没完没了。
- 种瓜得瓜，种豆得豆。种什么因，得什么果。
- 为了避免社交带来的烦恼，我们必须学会独处。青年人首先要上的一课，就是要学会承受孤独，因为孤独是幸福、安乐的源泉。(叔本华)
- 那些没有任何权力却能竭尽全力帮助别人的人，是大众敬重的天使。
- 每到一个新环境，要先学会随、顺、柔。能够做到这些，你到哪里都能生存。
- 掌握"从众"智慧，你会更加"出众"。凡是符合大众利益的就要"从"。
- 处理好人际关系的三句话：看人长处，说人好处，帮人难处。
- 做人太方正了有棱角会伤人，太圆滑了会让人远离你。因此，对于那些非原则性的问题要懂得变通，椭圆最好。
- 不责人小过，不发人隐私，不念人旧恶。三者可以养德，亦可以远害。(《菜根谭》)
- 一个懂得"重道义，轻物欲"的人，前程一定不可限量！
- "一个朋友一条路"，你交下的铁杆朋友越多，你将来可选择的路就越多。
- 做人并不复杂，把住两个底线就行：往上别犯法，往下别丧良心。

- 你付出到一定程度一定会得到相应的回报。没有回报说明你付出的还不够。如果别人比你先得到回报，那一定是因为别人先前就付出了很多。
- 崇德修身就不生烦恼，慈悲仁善就没有敌人。对上恭敬，对下不傲，是为礼。
- 凡是大家都可以说话的时候，你不要急着出头；凡是大家都可以做事的时候，你一定要冲在前头。
- 不要跟一个圈子里的人吐槽同一个圈子里的人，一旦传出去，后果无法挽回。
- 夸奖别人的时候要懂得"见人减岁，见物增价"。

第五章 古训篇

第一节　周朝至唐朝古圣先贤家训摘录

- **周朝周公《诫伯禽书》节录**

【原文】德行广大而守以恭者，荣；土地博裕而守以俭者，安；禄位尊盛而守以卑者，贵；人众兵强而守以畏者，胜；聪明睿智而守以愚者，益；博文多记而守以浅者，广。

【译文】德行广大者，以谦恭的态度自处，便会得到荣耀；土地广阔富饶者，用节俭的方式生活，便会永远平安；官高位尊而用卑微的方式自律，便更显尊贵；兵多人众而用畏怯的心理坚守，就必然胜利；聪明睿智而用愚陋的态度处世，将获益良多；博闻强识而用肤浅自谦，将见识更广。

- **春秋时期孔子对儿子孔鲤的"过庭训"**

【原文】不学《诗》，无以言。不学礼，无以立。（摘自《论语·季氏》）

【译文】不学习《诗经》是无法同人交谈的。不学习礼仪是难以立身做人的。

- **蜀汉诸葛亮的《诫子书》**

【原文】夫君子之行，静以修身，俭以养德。非淡泊无以明志，非宁静无以致远。夫学须静也，才须学也，非学无以广才，非志无以成学。淫慢则不能励精，险躁则不能冶性。年与时驰，意与日去，遂成枯落，多不接世，悲守穷庐，将复何及！

【译文】君子的行为操守，以宁静来提高自身的修养，以节俭来培养自己的品德。不恬静寡欲无法明确志向，不排除外来干扰无法达到远大目标。学习必须静心专一，而才干来自学习。所以不学习就无法增长才干，没有志向就无法使学习有所成就。放纵懒散就无法振奋精神，急躁冒险就不能陶冶性情。年华随时光而飞驰，意志随岁月而流逝。最终枯败零落，大多不为社会所用，只能悲哀地坐守着那穷困的居舍，其时悔恨又怎么来得及？

- 蜀汉诸葛亮的《诫外甥书》

【原文】夫志当存高远,慕先贤,绝情欲,弃疑滞。使庶几之志,揭然有所存,恻然有所感。忍屈伸,去细碎,广咨问,除嫌吝,虽有淹留,何损于美趣,何患于不济。若志不强毅,意气不慷慨,徒碌碌滞于俗,默默束于情,永窜伏于凡庸,不免于下流矣!

【译文】一个人应该树立远大的理想,追慕先贤,节制情欲,去掉郁结在胸中的俗念,使几乎接近圣贤的那种高尚志向,在你身上明白地体现出来,使你内心震动、心领神会。要能够适应顺利、曲折等不同境遇的考验,摆脱琐碎事务和感情的纠缠,广泛地向人请教学习,根除自己怨天尤人的情绪。做到这些以后,虽然也有可能在事业上暂时停步不前,但哪会损毁自己高尚的情趣,又何必担心事业会不成功呢?如果志向不坚毅,思想境界不开阔,碌碌无为,沉溺于世俗私情,永远混杂在平庸的人群之中,就难免会沦落到下流社会,成为没有教养、没有出息的人。

- 唐朝李世民的《诫皇属》

【原文】朕即位十三年矣,外绝游览之乐,内却声色之娱。汝等生于富贵,长自深宫,夫帝子亲王,先须克己。每著一衣,则悯蚕妇;每餐一食,则念耕夫。至于听断之间,勿先恣其喜怒。朕每亲监庶政,岂敢惮于焦劳。汝等勿鄙人短,勿恃己长,乃可永久高贵,以保终吉。先贤有言:"逆吾者是吾师,顺吾者是吾贼"。不可不察也。

【译文】我做皇帝十三年了,没有四处游玩也没有沉溺于歌舞女色的欢娱。你们这些人出生在富贵的家庭里,又从小在深宫中长大,作为皇亲国戚,首先必须严格要求自己,恪守本分。每穿一件衣服,都要想想贫苦养蚕卖丝为生的妇人;每吃一顿饭,都要想想穷苦耕田种地的汉子。你们根据耳闻目见来判断、处理一件事情时,首先不要被自己的喜怒影响而感情用事。每当我处理繁杂政务时,一点儿都不敢因焦躁劳累的情绪而有所懈怠。你们不要总是鄙视别人的短处,也不要倚仗自己的长处就妄自尊大,只有这样才能永久保住自己的富贵,确保一生吉祥顺利。我们贤明的祖先有言在先:"敢于触犯我、指出我错误和不足的人是我的老师;一味逢迎、盲目顺从我的人是残害我的敌人。"你们不能不仔细体会这些道理。

第二节　五代十国、北宋时期古圣先贤家训摘录

● 五代十国吴越王钱镠的《钱氏家训》

个人篇

【原文】心术不可得罪于天地，言行皆当无愧于圣贤。曾子之三省勿忘，程子之四箴宜佩。持躬不可不谨严，临财不可不廉介。处事不可不决断，存心不可不宽厚。尽前行者地步窄，向后看者眼界宽。花繁柳密处拨得开，方见手段；风狂雨骤时立得定，才是脚跟。能改过则天地不怒，能安分则鬼神无权。读经传则根柢深，看史鉴则议论伟。能文章则称述多，蓄道德则福报厚。

【译文】存心谋事不能够违背规律和正义，言行举止都应不愧对圣贤教诲。曾子"一日三省"的教诲不要忘记，程子用以自警的"四箴"（即孔子曾对颜渊谈到克己复礼时说："非礼勿视，非礼勿听，非礼勿言，非礼勿动。"）应当珍存。要求自己不能够不谨慎严格，面对财物不能够不清廉正直而有骨气。处理事务不能够没有魄力，起心动念必须要宽容厚道。只知往前走的处境会越来越狭窄，懂得回头看的见识会越来越宽。花丛密布、柳枝繁杂的地方能够开辟出道路，才显示出本领；狂风大作、暴雨肆虐的时候能够站立得住，才算是立定了脚跟。能够改正过错，天地就不再生气，能够安守本分，鬼神也无可奈何。熟读古书才会根基深厚，了解历史才能谈吐不凡。擅长写作才能有丰富的著作，蓄养道德才能有大的福报。

家庭篇

【原文】欲造优美之家庭，须立良好之规则。内外门闾整洁，尊卑次序谨严。父母伯叔孝敬欢愉，姒娣弟兄和睦友爱。祖宗虽远，祭祀宜诚。子孙虽愚，诗书须读。娶媳求淑女，勿计妆奁（音 lián，女子梳妆用的镜匣）。嫁女择佳婿，勿慕富贵。家富提携宗族，置义塾与公田；岁饥赈济亲朋，筹仁浆与义粟。勤俭为本，自必丰亨；忠厚传家，乃能长久。

【译文】想要营造幸福美好的家庭，必须建立适当妥善的规矩。里里外外的街道房屋要整齐干净，长幼之间的顺序、伦理要谨慎严格。对父母叔伯要孝敬承欢，对姒娣兄弟要和睦友爱。祖先虽然年代久远，祭祀也应该虔诚；子孙

即便头脑愚笨，也必须读书学习。娶媳妇要找品德美好的女子，不要贪图嫁妆；嫁姑娘要选才德出众的女婿，不要羡慕富贵。家庭富足时要帮助家族中人，设立免费的学校和共有的田地；年景饥荒时要救济亲戚朋友，筹备施舍的钱米。把勤劳节俭当作根本，一定会丰衣足食；用忠实厚道传承家业，就能够源远流长。

社会篇

【原文】信交朋友，惠普乡邻。恤寡矜孤，敬老怀幼。救灾周急，排难解纷。修桥路以利从行，造河船以济众渡。兴启蒙之义塾，设积谷之社仓。私见尽要铲除，公益概行提倡。不见利而起谋，不见才而生嫉。小人固当远，断不可显为仇敌；君子固当亲，亦不可曲为附和。

【译文】用诚信结交朋友，使恩惠遍及乡邻。救济寡妇怜惜孤儿，尊敬老人关心小孩。救济受灾的人民，接济紧急的需要，为人排除危难化解矛盾纠纷。架桥铺路方便人们行走，开河造船帮助人们通渡。兴办孩子接受启蒙教育的免费学校，建立存贮粮食用以救济饥荒的民间粮仓。个人成见要全部去除，公众利益要全面提倡。不要看见利益就动心谋取，不要见人才高就心生嫉妒。小人固然应该疏远，但一定不能公然成为仇敌；君子固然应该亲近，也不能失去原则一味追随。

国家篇

【原文】执法如山，守身如玉，爱民如子，去蠹如仇。严以驭役，宽以恤民。官肯著意一分，民受十分之惠。上能吃苦一点，民沾万点之恩。利在一身勿谋也，利在天下者必谋之；利在一时固谋也，利在万世者更谋之。大智兴邦，不过集众思；大愚误国，只为好自用。聪明睿智，守之以愚；功被天下，守之以让；勇力振世，守之以怯；富有四海，守之以谦。庙堂之上，以养正气为先。海宇之内，以养元气为本。务本节用则国富，进贤使能则国强，兴学育才则国盛，交邻有道则国安。

【译文】执行法令像山一样不可动摇，保持节操像玉一样洁白无瑕。像爱护自己的子女一样去爱护百姓，像对待自己的仇敌一样去剪除蠹虫。管理属下要严格，体恤百姓要宽厚。官员如能用一分心力，百姓就能得十分利益；君王如肯受一点儿辛苦，百姓就能得万倍的恩惠。利益得在自己一人就不去谋取，得在天下百姓就一定谋取；利益得在当前一时当然也要谋取，得在千秋万代更要谋取。才智出众的人能使国家强盛，不过是汇集了大家的智慧；极端无知的人会败坏国家大事，只因为总喜欢自以为是。即便聪颖明智，也要以愚笨自处；即便功高盖世，也要以辞让自处；即便勇猛无双，也要以胆怯自处；即便富有天下，也要以谦恭自处。朝廷中，要把培养刚正气节作为首要；普天下，要把培养元气生机作为根本。抓住生财根本努力节约开支国家就会富足，选拔任用德才兼备的人国家就会强大，兴办学校培养人才国家就会昌盛，与邻邦交往信守道义国家就会安定。

（作者附言：千百年来，钱家后人遵照此训培育出了无数的举人、进士、状元。近代还有钱其琛、钱正英、钱学森、钱三强、钱伟长、钱玄同、钱穆、钱钟书、钱永健、钱松岩、钱绍武、钱令希、钱临照、钱俊瑞、钱易、钱泽南、钱永佑、钱思亮、钱纯、钱煦、钱复等一大批科学家、政治家、文学家、外交家、教育家、艺术家。《钱氏家训》不只是钱氏后人的行为准则，更是留给每个中国人的宝贵精神遗产，是我们中国青少年应该认真学习的成长箴言。）

- 北宋包拯《书端州郡斋壁》诗文

【原文】清心为治本，直道是身谋。秀干终成栋，精钢不作钩。仓充鼠雀喜，草尽兔狐愁。史册有遗训，毋贻来者羞。

【译文】端正思想是吏治的根本，刚直的品性是修身的原则。优质的大树终成栋梁之材，柔韧的好钢也不愿枉道而行。仓廪丰实那些鼠雀兔狐之辈可高兴了，如果没什么好处那些贪官污吏就发愁。在这方面历史上留下了很多的教训，不要做出使后人蒙羞的事情吧！

- 北宋范仲淹的《范文正公家训百字铭》

【原文】孝道当竭力，忠勇表丹诚；兄弟互相助，慈悲无过境。勤读圣贤书，尊师如重亲；礼义勿疏狂，逊让敦睦邻。敬长舆怀幼，怜恤孤寡贫；谦恭尚廉洁，绝戒骄傲情。字纸莫乱废，须报五谷恩；作事循天理，博爱惜生灵。处世行八德，修身率祖神；儿孙坚心守，成家种善根。

【译文】无论是孝道也好，丹诚也罢，都是慈悲的体现，慈悲是没有限度，没有尽头的。勤学苦读古圣先贤的典籍，像敬重父母一样尊敬师长。遵守礼仪、谦逊忍让是做人的基本准则，如果用狂妄的心态去为人处世，必将事倍功半，得不到理想的结果。唯有谦逊忍让，宽厚和善，才能促进邻里和睦。尊老爱幼、体恤鳏寡孤独与弱势群体，同样是每个人应该具备的基本品德。我们为人处世，要具备谦虚与廉明的品质，千万不要骄傲自满、恃才傲物。敬惜字纸，不能胡乱对待；五谷杂粮是人类生存的根本，我们要懂得时时感恩。做事要顺应天理，博爱众生，不能干出伤天害理、荼毒生灵的勾当，否则就会有恶报。"孝""悌""忠""信""礼""义""廉""耻"，是一个人处世的基本操守。优秀的子弟，要谨遵前人教诲，以家训为戒，才能将家业继承得更好，将家庭操持得更好。

- **北宋汪洙的《神童诗》选录**

【原文】少小须勤学，文章可立身；满朝朱紫贵，尽是读书人。学问勤中得，萤窗万卷书；三冬今足用，谁笑腹空虚？自小多才学，平生志气高；别人怀宝剑，我有笔如刀。朝为田舍郎，暮登天子堂；将相本无种，男儿当自强。

【译文】正当年少之时要立志勤学苦读，学富五车会帮你建立伟业。朝廷里那些高官，都是满腹经纶的饱学之士啊！学问的获得都是从勤奋中来的，即使用萤火虫照明也可以读很多的书。一个人用这种劲头读上三年，谁敢说他肚子里没墨水呢？从小好学并胸怀大志的人，即使不能用武功保家卫国，也能用文略去治理国家！很多人早上还是默默无闻，晚上就被委任到了重要岗位上。这说明自古以来的将相都不是天生的，是自己努力的结果。所以，好男儿们要自强不息，不要看轻了自己啊！

第三节　南宋至明朝古圣先贤家训摘录

- **南宋诗人陆游的《家训》**

【原文】后生才锐者，最易坏。若有之，父兄当以为忧，不可以为喜也。切须常加简束，令熟读经学，训以宽厚恭谨，勿令与浮薄者游处。自此十许年，志趣自成。不然，其可虑之事，盖非一端。吾此言，后生之药石也，各须谨之，毋贻后悔。

【译文】才思敏锐的年轻人，最容易学坏。倘若有这样的情况，做长辈的应当认为这是让人忧虑的事，不是可喜的事情。切记要经常加以约束和管教，让他们熟读儒家经典，教导他们做人必须宽容、厚道、恭敬、谨慎，不要让其与轻浮浅薄者来往。就这样十多年后，他们的志向和情趣会自然养成。不这样的话，让人担忧的事情就不会只有一件。我这些话，是防止后人犯错的良言规诫，你们都应该谨慎对待它，不要留下遗憾和愧疚。

- 南宋朱熹的《朱子家训》

【原文】君之所贵者，仁也。臣之所贵者，忠也。父之所贵者，慈也。子之所贵者，孝也。兄之所贵者，友也。弟之所贵者，恭也。夫之所贵者，和也。妇之所贵者，柔也。

事师长贵乎礼也，交朋友贵乎信也。见老者，敬之；见幼者，爱之。

有德者，年虽下于我，我必尊之；不肖者，年虽高于我，我必远之。

慎勿谈人之短，切莫矜己之长。仇者以义解之，怨者以直报之，随所遇而安之。

人有小过，含容而忍之；人有大过，以理而谕之。

勿以善小而不为，勿以恶小而为之。人有恶，则掩之；人有善，则扬之。

处世无私仇，治家无私法。勿损人而利己，勿妒贤而嫉能。

勿称忿而报横逆，勿非礼而害物命。见不义之财勿取，遇合理之事则从。

诗书不可不读，礼义不可不知。子孙不可不教，童仆不可不恤。斯文不可不敬，患难不可不扶。

守我之分者，礼也；听我之命者，天也。

人能如是，天必相之。此乃日用常行之道，若衣服之于身体，饮食之于口腹，不可一日无也，可不慎哉！

【译文】当国君所珍贵的是"仁"，爱护人民；当人臣所珍贵的是"忠"，忠君爱国；当父亲所珍贵的是"慈"，疼爱子女；当子女所珍贵的是"孝"，孝顺父母；当兄长所珍贵的是"友"，爱护弟妹；当弟妹所珍贵的是"恭"，尊敬兄姊；当丈夫所珍贵的是对妻子温和；当妻子所珍贵的是对丈夫柔顺。

侍奉师长要有礼貌，交朋友要重视信用，遇见老人要尊敬，遇见小孩要慈爱。

有德行的人，即使年纪比我小，我一定敬重他；品行不端的人，即使年纪比我大，我也一定远离他。

不要随便议论别人的缺点，切莫夸耀自己的长处。对有仇隙的人，用讲事实摆道理的办法来消除仇隙。对埋怨自己的人,用坦诚正直的态度来对待他。不论是顺境还是逆境,都要平静处之。

别人有小过失,要谅解容忍;别人有大错误,要按道理劝导帮助。

不要因为是小的好事就不去做,不要因为是小的坏事就去做。别人有短处,尽量帮他改过,不要四处宣扬;别人做了好事,应该多加赞美。

待人办事没有私人仇怨,治理家务不要另立私法。不要做损人利己的事,不要妒忌贤才和嫉视有能力的人。

不要声言忿愤对待蛮不讲理的人,不要违反正当事理而随便伤害人和动物的生命;不要接受或索取不义的财物,遇到合理的事物要拥护和随从。

不可不勤读诗词经书,不可不懂得礼节道义。子孙一定要教育,童仆一定要怜恤。一定要敬重有德行、有学识的人,一定要扶助有困难的人。

这些都是做人应该懂得的道理,每个人尽本分去做才符合"礼"的标准。这样做也就完成天地万物赋予我们的使命,顺乎"天命"的道理法则。

一个人能做到以上各点,则老天必定会来相助的。这些基本的道理都是日常生活中随处用到的。就像衣服之于身体,饮食之于口腹,是每天都不可离开,每天都不可缺少的。我们对这些基本的生活道理,怎么可以不重视呢?

- 明朝王阳明的家训《示宪儿》

【原文】幼儿曹,听教诲:勤读书,要孝悌;学谦恭,循礼仪;节饮食,戒游戏;毋说谎,毋贪利;毋任情,毋斗气;毋责人,但自治。能下人,是有志;能容人,是大器。凡做人,在心地;心地好,是良士;心地恶,是凶类。譬树果,心是蒂;蒂若坏,果必坠。吾教汝,全在是。汝谛听,勿轻弃。

【译文】孩子们啊,要听从教诲:要勤奋地读书,还要孝顺父母,友爱弟妹;要学习谦恭待人,为人处世按礼行事;饮食上面不要浪费,少玩游戏荒废时光;不说谎话,不要只盯着得失;不要任情耍性,不要与人斗气;不要责备别人,只要管住自己。能够放低自己身份,这是有志气的表现;能够容纳别人,是成大器的度量。凡是做人,主要在于心地的好坏;心地好,才是善良之人;心地恶毒,是凶狠之辈。譬如果树,那个花托是最重要的部分;如果花托先坏了,果子成与不成都会败落。我想教给你们的,全在这里了。你们应该好好听从,千万不要当耳旁风啊!

第四节　清朝前期古圣先贤家训摘录

- **清朝朱柏庐的《朱子治家格言》**

【原文】黎明即起，洒扫庭除，要内外整洁。既昏便息，关锁门户，必亲自检点。一粥一饭，当思来处不易；半丝半缕，恒念物力维艰。宜未雨而绸缪，毋临渴而掘井。自奉必须俭约，宴客切勿流连。器具质而洁，瓦缶胜金玉；饮食约而精，园蔬愈珍馐。勿营华屋，勿谋良田。三姑六婆，实淫盗之媒；婢美妾娇，非闺房之福。童仆勿用俊美，妻妾切忌艳妆。祖宗虽远，祭祀不可不诚；子孙虽愚，经书不可不读。居身务期质朴，教子要有义方。莫贪意外之财，莫饮过量之酒。与肩挑贸易，毋占便宜；见穷苦亲邻，须加温恤。刻薄成家，理无久享；伦常乖舛，立见消亡。兄弟叔侄，须分多润寡；长幼内外，宜法肃辞严。听妇言，乖骨肉，岂是丈夫；重资财，薄父母，不成人子。嫁女择佳婿，毋索重聘；娶媳求淑女，勿计厚奁。见富贵而生谄容者，最可耻；遇贫穷而作骄态者，贱莫甚。居家戒争讼，讼则终凶；处世戒多言，言多必失。勿恃势力而凌逼孤寡；毋贪口腹而恣杀生禽。乖僻自是，悔误必多；颓惰自甘，家道难成。狎昵恶少，久必受其累；屈志老成，急则可相依。轻听发言，安知非人之谮诉，当忍耐三思；因事相争，焉知非我之不是，须平心再想。施惠无念，受恩莫忘。凡事当留余地，得意不宜再往。人有喜庆，不可生妒忌心；人有祸患，不可生喜幸心。善欲人见，不是真善；恶恐人知，便是大恶。见色而起淫心，报在妻女；匿怨而用暗箭，祸延子孙。家门和顺，虽饔飧（音 yōng sūn，饭食）不济，亦有余欢；国课早完，即囊橐（音 náng tuó，钱袋）无余，自得其乐。读书志在圣贤，非徒科第；为官心存君国，岂计身家。守分安命，顺时听天。为人若此，庶乎近焉。

【译文】黎明的时候就要起床，清扫院落，做到内外整洁。到了太阳落山的时候就休息，把门窗都关好，一定要亲自检查一下。

一碗粥一碗饭，应当考虑它们是来之不易的；半丝衣料半缕线，更要想到它们来之艰难。做事情最好未雨绸缪，不要等到渴了才想起掘井。自己吃穿，平时一定要勤俭节约；宴请朋友的时候不要吝啬，也不要铺张浪费，接连不断。器具干净整洁的话，即使是瓦罐、砂盘也胜过金盘、玉盘。饭菜做得节约而精细,即使是普通菜园的蔬菜也可与珍馐美味相媲美。

不要总想着建造奢华的房屋,不要谋取肥沃的田地。那些爱搬弄是非的女人,她们其实是荒淫和盗贼的媒介;看上去美丽的婢子和漂亮的小妾,并不是家中的福气。使用书童和仆人,不要专门挑相貌俊美的;自己的妻妾一定不要艳抹浓妆。

祖宗虽然去世很久,但是祭祀的时候不可不用诚心;子孙即使愚笨,《五经》《四书》也不能不读。平常做人修身一定要品质淳朴正直,教育子孙一定要用德义指引他们。不要贪图分外之财,不要过量饮酒。对于那些做挑担生意的人,不要占他们的便宜;见到穷苦的亲戚或者邻里,有条件就多体恤安抚他们。通过为人刻薄的方法来理家聚财,这个家不会长久;如果违背伦常为人处世,这个家族自然会很快消亡。

兄弟叔侄之间要互相帮助,经济条件好的,应帮助经济状况差的。长幼内外,应当家法严格。听信妇人的挑拨而背离了兄弟骨肉之情,或者偏爱、虐待个别子女,哪里还算是一家之主呢?偏重钱财,不孝父母,不能算是好子女。嫁女儿要选择品行好的女婿,不要索取贵重的聘礼;娶儿媳要寻求端庄贤惠的淑女,不要去计较陪嫁是否丰厚。

看见富贵的人就生出媚态巴结人家,是很可耻的;遇到一时贫穷的人就摆出高人一等的样子,再没有比这更下贱的了。主持家道一定要防止争强好胜打官司告状的事情发生。因为打官司告状会招致"冤冤相报何时了"的凶险后果;处世为人要戒除多说话、乱说话的毛病,切记"言多必失"的古训。不要依仗着自己有点儿势力就欺凌孤寡弱者;不要自己贪图口福享受就恣意杀生。性格乖僻、刚愎自用、自以为是,后悔和失误就一定会多;颓废懒惰、自甘现状、不求自强,家道难有成就。与那些三观不正的少年交往,到头来一定会被他们连累;谦恭地与老成的人交往,关键时刻可以依靠他们。轻信别人的话,怎么知道不是别人乱说的呢?面对这种情况应该忍耐且多加考虑;为一件事而发生争执,怎么知道不是自己的过错呢?也该静下心来反省自己。帮助过别人的善举要立刻忘掉,不要记在心里;受到别人的恩惠一定不能忘记,做牛做马也要想着报答。做什么事都要留出回旋的余地,备有应急预案;得到好处就要适可而止,不要贪得无厌。这是因为福祸常常相依啊!别人家有喜庆的事情,不可生出妒忌心,最好把这看作是自己家人的喜事;人家有了祸患,不要存幸灾乐祸的心理,应该把这看作是自家兄弟的灾祸，能出手帮忙就帮忙。做了善行善事一定要让别人知道，那就不是真正的善了；有了恶意恶行而恐怕别人知道就撒谎掩饰，那就是更大的恶了。见到美色而起淫心，报应就会降临到自己的妻子儿女身上；藏匿怨心而用暗箭伤人，祸患就会延及子孙身上。一家人关系融洽，即使吃了上顿没有下顿，也有高兴的事情；尽快缴齐国家的赋税，即使自己的钱袋里所剩无几，也能自得其乐。读书是以学习圣贤造福天下百姓为志向的，不是仅仅为了考个好成绩；做官的时候心里要装着国家和民众的利益，怎么可以只考虑自己和家人的享受呢？谨守做人的本分，一切顺从客观规律不乱来，如果一个人能达到这种境界，差不多就可以接近圣人和贤人的境界了。

- **清朝纪晓岚的训子书《训大儿》**

【原文】尔初入仕途，择交宜慎，友直友谅友多闻益矣。误交真小人，其害犹浅；误交伪君子，其祸为烈矣。盖伪君子之心，百无一同：有拗捩者，有偏倚者，有黑如漆者，有曲如钩者，有如荆棘者，有如刀剑者，有如蜂虿者，有如狼虎者，有现冠盖形者，有现金银气者。业镜高悬，亦难照彻。缘其包藏不测，起灭无端，而回顾其形，则皆岸然道貌，非若真小人之一望可知也。并且此等外貌麟鸾中藏鬼蜮之人，最喜与人结交，儿其慎之。

【译文】你刚踏进官场，选择与朋友交往，应当谨慎。结交那些正直的、能互相谅解的、知识丰富的朋友，会带来很多好处。如果误交了一些没有伪装、一看便知的真小人，其祸害还小一些；如果结交了表面伪装成君子的小人，那祸害可就大了。这些伪君子的内心世界，千人千面，各不相同：有的表现为固执不驯、违逆常情；有的表现为思想偏执，不可理喻；有的表现为内心万般黑暗，把世界看得没有一点儿光明；有的内心幽深诡秘，让别人无法看透；有的表现出荆棘般的性格，谁靠近他都会吃亏；有的表现出刀剑般的性格，内藏沟壑不可大意；有的像黄蜂虿虫（音 chài，一种毒虫），与其交往必须万般小心；有的像虎狼一样狠毒，一不小心就会吃大亏。这些人在官府里有，在商界也有。即使你高举着鉴别善恶的"照妖镜"，也难彻底认清他们的真面目。因为这些伪君子藏得很深，又变化莫测。然而他们的外表往往又是道貌岸然的样子，并不像那些真小人一眼便可看穿。这一类外表看起来像麒麟、像凤凰一样美好而内心却像鬼蜮一样害人的人，又最喜欢与人结交朋友，儿子你一定要谨慎啊！

第五节　清朝晚期古圣先贤家训摘录

● **清朝曾国藩的"六戒五勤"**

【原文】第一戒：久利之事勿为，众争之地勿往；第二戒：勿以小恶弃人大美，勿以小怨忘人大恩；第三戒：说人之短乃护己之短，夸己之长乃忌人之长；第四戒：利可共而不可独，谋可寡而不可众；第五戒：天下古今之庸人，皆以一惰字致败；天下古今之才人，皆以一傲字致败；第六戒：凡办大事，以识为主，以才为辅；凡成大事，人谋居半，天意居半。

一曰身勤：险远之路，身往验之；艰苦之境，身亲尝之。二曰眼勤：遇一人，必详细察看；接一文，必反复审阅。三曰手勤：易弃之物，随手收拾；易忘之事，随笔记载。四曰口勤：待同僚，则互相规劝；待下属，则再三训导。五曰心勤：精诚所至，金石亦开；苦思所积，鬼神迹通。

【译文】

第一戒：长期都获利的事不要再去做；众人争利的地方不要去。

第二戒：不要因为别人的小缺点就忽视人家的大优点；不要因为小小的怨怼就忽略了别人的大恩。

第三戒：说别人的短处，一定是在护自己的短处；夸自己的长处，一定是在贬低别人的长处。那些经常谈论别人的短处，夸耀自己长处的人，不仅情商低，也必给自己招来怨恨，埋下祸患。

第四戒：利益都是众人渴望得到的，如果谁独占了利益而不与大家分享，那么一定会招致大家的怨恨成为众矢之的；谋划事情，一定要跟少数几个有主见的人商量，而参与的人不能太多，否则会走漏风声导致失败。

第五戒：纵观天下古今无所作为之人，都是因为懒惰不努力造成的；纵观天下古今那些有才华而没有善果的人，都是败在了不谦虚、过于狂傲上面。

第六戒：凡是办大事，首先需要有深厚的阅历和见识，并以才能作为辅助；凡是希望成就的大事，一半在于人的谋划，另一半就要看天意能否成全了。

一是身勤：不管是险还是远路，一定要亲自前往勘察一遍；不管是多么恶劣的天气和环境，都要亲自尝试一下。

二是眼勤：评价一个人之前，一定要亲自详细考察；接到一份指示或报告，一定要亲自反复审阅，吃透意思。

三是手勤：容易丢失的东西，要随手保管好，以免丢三落四；应该抛弃的杂物，要随即处理停当；容易忘掉的事情，要随手把它记载下来。

四是口勤：对待同学同事，要互相帮助，互相规劝，共同进步；对待下级，要不厌其烦地教导、栽培、扶持他们。

五是心勤：精诚所至，金石也能被感化；苦思冥想，一定能够想出办法，鬼神也阻拦不住。

- **清朝乔家大院家训、家规、楹联**

（1）以虚养心，以德养身，以和处世，以仁养天下，万物以道养万世。

（2）谦退是保身第一法，涵容是待人第一法，守礼是治家第一法。

（3）勿谋人之财产，勿妒人之技能，勿淫人之妇女，勿唆人之争讼。

（4）护体面不如重廉耻，求医药不如养性情。

（5）多言说不如慎细微，博名声不如正心术。

（6）勤俭，持家之本；和顺，齐家之本；读书，起家之本；忠孝，传家之本。

（7）人之心胸，多欲则窄，寡欲则宽；人之心术，多欲则险，寡欲则平。

（8）勿坏人之名利，勿破人之婚姻。

（9）能知足者天不能贫，能忍辱者天不能祸。

（10）善人则亲近之，恶人则远避之。不可口是心非，须要抑恶扬善。

（11）勿倚权势而辱善良，勿恃富豪而欺贫困，见贫苦亲邻须多温恤。

（12）勿挟私仇，勿营小利。

（13）诸恶莫作，众善奉行。

（14）有补于天地者曰功，有益于世教者曰名，有学问曰富，有廉耻曰贵，是谓功名富贵；无欲曰德，无为曰道，无习于鄙陋曰文，无近于暧昧曰章，是谓道德文章。有功名富贵固佳，无道德文章则俗。

（15）彼之理是，我之理非，我让之；彼之理非，我之理是，我容之。

（16）求名求利莫求人，须求己；惜衣惜食非惜财，当惜福。

（17）气忌躁，言忌浮，才忌露，学忌满；胆欲大，心欲小，智欲圆，行欲方。

（18）不贪为贵，以义为上，先义后利，以义制利。

（19）慎始慎终，不乱交往。

（20）行事莫将天理错，立身宜与古人争。

（21）读书即未成名究竟人品高雅，修德不期获报自然梦稳心安。

（22）世事谦三分天空地阔，心田培一点子种孙收。

（23）有容德乃大，无欺心自安。

（24）唯无私才可讼大公，唯大公才可以无怨。

（25）慎俭德，勤俭持家；怀天下，兴家报国。

跋

  本人写这本书的目的，就是想给那些教子心切的父母提供一个现成的"家训"版本，给广大青少年朋友们提供一个心灵的出口。

  因此，我把家长们想到的和没有想到的，对孩子说过的和该说而没有说过的尽量都写出来，以求满足家长们的教子需要和孩子们的成长诉求。

  我一直认为，"以百姓之心为心"，是每个青少年应有的志向。一个人只有以大众的利益为出发点，服务他人，才能早立志，立大志，立实志，才能奋发有为，做出一番成就来，也才能实现自己真正的理想。

  书中加进了不少成年人的成功与失败的案例，这是希望给每个青少年提供一些警示，让青少年们有所借鉴，不再重蹈覆辙，最大限度地减少人生路上那些不必要的坎坷和磨难。

  本书属于家训方面的书籍。一个家庭有了好的家训，这个家庭的好家风就容易建立起来了。

  由于本人水平有限，加上时代在飞速发展，书中难免会存在纰漏，如果能得到读者朋友的反馈，以利于再版的修订发行，本人将不胜感激！

  本书撰写过程中有幸得到了德高望重的中央党校教授、国学大师任登第老先生，以及杭州出版社陈铭杰老师和青岛大学孟天运老师的鼎力支持和教诲，在此深表感谢！

孟长宇

2021 年 5 月 11 日于杭州